# 早餐是件重要的事

雅妍◎编著

中国纺织出版社有限公司

**图书在版编目（CIP）数据**

早餐是件重要的事／雅妍编著．—北京：中国纺织出版社有限公司，2021.3

ISBN 978-7-5180-8083-0

Ⅰ．①早…　Ⅱ．①雅…　Ⅲ．①食谱　Ⅳ．①TS972.12

中国版本图书馆 CIP 数据核字（2020）第 208394 号

责任编辑：韩　婧　　责任校对：高　涵　　责任印制：王艳丽

中国纺织出版社有限公司出版发行

地址：北京市朝阳区百子湾东里 A407 号楼　邮政编码：100124

销售电话：010—67004422　传真：010—87155801

http://www.c-textilep.com

中国纺织出版社天猫旗舰店

官方微博 http://weibo.com/2119887771

北京华联印刷有限公司印刷　各地新华书店经销

2021 年 3 月第 1 版第 1 次印刷

开本：710×1000　1/16　印张：14.5

字数：205 千字　定价：58.00 元

# 前言 PREFACE

清晨里温煦的晨光悄然洒进刚刚开启的窗户，升腾着的薄雾漾着一份安宁，一天就在眼前徐徐展开，分外迷人。

早餐是我们健康的第一道大门，一顿丰盛营养的早餐，不仅让身体的每一个细胞都充满着能量，还能让我们精神抖擞地迎接新的一天，并以最佳的状态开始学习和工作。然而，早餐如此重要，却最容易被我们所忽视。我们给自己灌输了太多理由，没时间？不知道吃什么？不会做？这些应该是大多数人吃早餐的困惑。因此，我们准备了这本书，以期给广大为早餐犯愁的读者提供良好的借鉴。

本书精心搭配了一份份完整的早餐解决方案，美味营养而多花样，更将它们分门别类，有经典传统的中式早餐，有甜蜜浪漫的西式早餐，有为上班族准备的快手速成早餐，有让懒人满意的每日定制早餐，还有为特殊人群特别准备的健康早餐，每类早餐均包含食材清单、营养解密、详细做法等方面，让您按需要寻找、搭配之余，更能够根据书中的详细做法轻松烹制，为自己、为家人准备一份用心的早餐。

书中所选的早餐搭配都是大众所喜闻乐见的食物，使早餐更贴近您的生活。还分享了一些笔触轻盈温馨的生活感悟，增强趣味性，美食抵心，也会让人怦然心动。

我们希望，翻开本书的读者都可以搭配出自己心仪的早餐；我们还希望，有这本书在手，烹制早餐对您来说不再是一件苦差事；我们更希望，从您捧起这本书的今天起，懂得悉心照顾自己和家人，学会好好吃早餐。

这是一本早餐食谱，但更恰当地说，这是邀请读者进入美好生活的一张请帖，无论您是钟情美食还是热爱生活，这本书被您遇见，都应为您所喜爱。

# 目录

CONTENTS

## 记忆里的味道 经典传统中式早餐

早餐是件重要的事

## 给生活加点料 甜蜜浪漫西式早餐

早餐是件重要的事

## 上班族的福音　快手速成早餐搭配

早餐是件重要的事

## 一周不用动脑子　为你定制每日早餐

早餐是件重要的事

## 特别的惦记　特殊人群早餐照顾

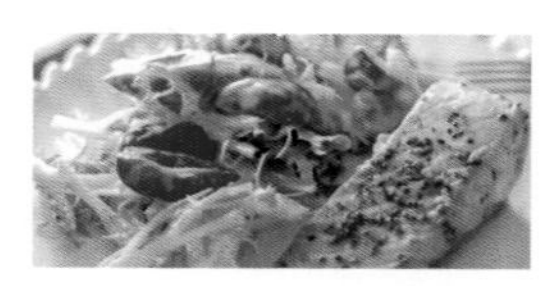

早餐是件重要的事

早餐是件重要的事

01

# 记忆里的味道
# 经典传统中式早餐

## 发糕与粽子的情谊

这天的早餐主角是发糕和碱水粽，它们带着传统的味道来到了餐桌上，闻之鲜香扑鼻、食之甜而不腻，配上当季的瓜果蔬菜，浓淡得宜，既温柔又细腻，让品尝的人眉眼间都写满了知足惬意。

**主食** 香甜发糕 / 腊肉碱水
**饮品** 黄瓜汁
**其他** 脆皮肠蔬菜沙拉 / 樱桃

### 主要食材

小米面 100 克，面粉 100 克，酵母 5 克，糯米 500 克，腊肉 200 克，熟黄豆粉少许，脆皮肠 6 根，樱桃萝卜 100 克，生菜 100 克，黄瓜 1 根，樱桃适量

### 营养解密

糯米营养丰富，为温补强壮食品，具有补中益气、健脾养胃、止虚汗的功效。小米面由小米精加工制作而成，有滋阴养血、健胃除湿、和胃安眠等功效。樱桃萝卜有通气宽胸、解毒散瘀、健胃消食、促进肠胃蠕动、增进食欲、止咳化痰、除燥生津、止泄、利尿等功效。

### 暖心配餐

樱桃提前买好，放入冰箱，早餐时取出洗净即可。

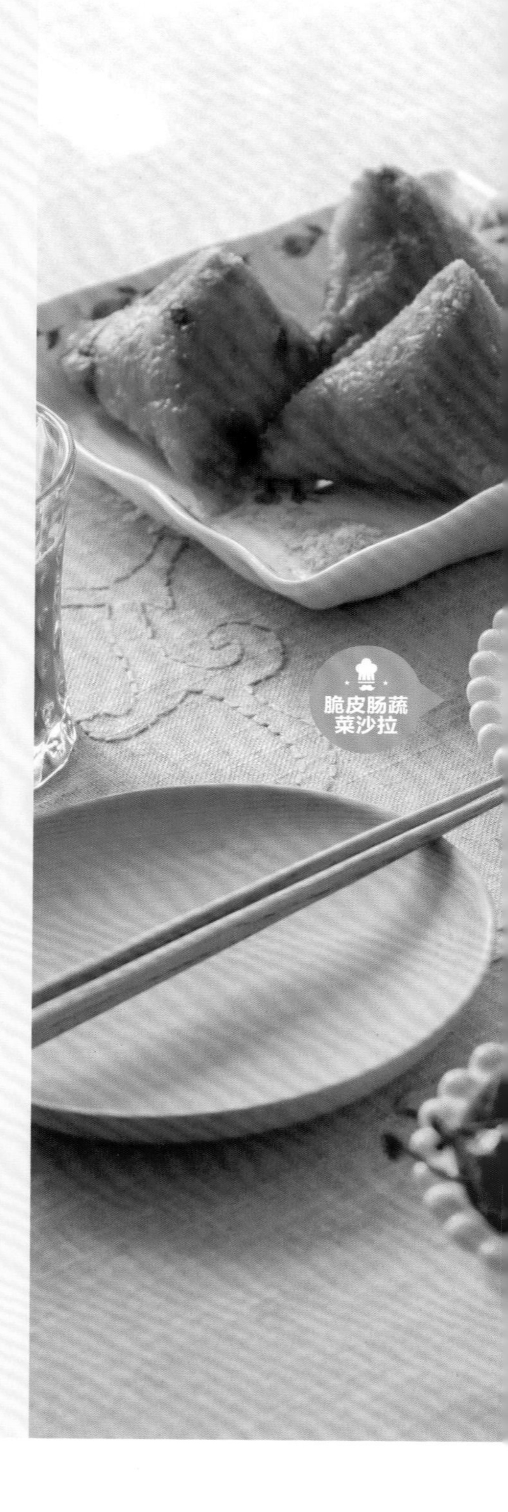

腊肉
碱水粽
黄瓜汁
香甜发糕

## 腊肉碱水粽

**材料**

糯米 500 克，腊肉 200 克，碱 2 克，熟黄豆粉少许，粽叶、粽绳各适量

**做法**

① 糯米浸泡 3 小时后，淘洗干净；腊肉切丁；粽叶及粽绳均洗净。

② 把碱溶于水，再与糯米搅拌均匀。

③ 取粽叶，在 1/3 处折成漏斗状，在漏斗中盛入适量糯米，放入腊肉丁，再加入糯米填满，接着将多余的粽叶折回盖住漏斗包裹好。

④ 用粽绳在粽腰处扎紧打结，完成后放入锅中，以水盖过粽子为宜，用中火煮约 2 小时，晾凉，放入冰箱，备用。

⑤ 早上，取出粽子复蒸 10 分钟，装碟时撒上少许熟黄豆粉即可。

## 香甜发糕

○ **材料**

小米面 100 克，面粉 100 克，酵母 5 克

○ **做法**

① 将面粉放入盆中，加入酵母、适量温水，和成稀面糊，静置发酵至约 2 倍大。

② 加入小米面，和成软面团，放到合适的模具里（七分满）。

③ 在蒸锅内倒水，放入模具，加盖锅盖，用旺火蒸约 30 分钟，关火焖 5 分钟即可，晾凉，放入冰箱，备用。

④ 早上，取出发糕复蒸 5 分钟即可。

## 黄瓜汁

○ **材料**

黄瓜 1 根

○ **做法**

① 黄瓜洗净，去皮，切小块。

② 将黄瓜块放入果汁机，加入适量的水，启动电源打成黄瓜汁。

## 脆皮肠蔬菜沙拉

○ **材料**

脆皮肠 6 根，樱桃萝卜 100 克，生菜 100 克，沙拉酱适量

○ **做法**

① 樱桃萝卜、生菜均洗净切小块。

② 平底锅入橄榄油烧热，放入脆皮肠，小火慢煎至表面稍带焦黄，取出晾凉。

③ 将脆皮肠与樱桃萝卜、生菜一同装盘，挤上沙拉酱，搅拌均匀即可。

# 一粥一饼的美味席卷

在某个寻常的早上，昨日的心事被夜晚洗刷得干干净净，城市里又正悄悄开始车水马龙的喧嚣，此时，伴着萝卜丝，呷一口细腻醇香的虾干菜粒粥，感受杂粮饼在口中发酵的味道，最是善解人意。

**○ 主食**

虾干菜粒粥 / 玉米杂粮饼

**○ 其他**

爽口凉拌萝卜丝

**○ 主要食材**

大米 100 克，虾干 30 克，广东菜心 4 根，面粉 50 克，玉米粉 125 克，酵母 2 克，萝卜 350 克

**○ 营养解密**

虾干是著名的海味品，它肉质松软、容易消化，富含蛋白质、钙、磷等对人体有益的维生素和矿物质。大米、面粉为常用主食，富含碳水化合物，为身体提供充足的热量。玉米粉的营养价值在谷类食物中是出类拔萃的。其含有的脂肪一半以上为亚油酸，并具有谷固醇、卵磷脂、维生素 E 等有益于防治血管硬化和促进脑细胞功能的物质。

## 凉拌萝卜丝

○ **材料**

萝卜 350 克，盐、味精、麻油、辣椒油、白糖适量

○ **做法**

① 萝卜洗净，切丝，放盐腌渍，备用。

② 将腌出的水沥干后放入少许盐、味精、麻油、辣椒油、白糖，拌匀即可。

## 虾干菜粒粥

○ **材料**

大米 100 克，香菇 6 朵，胡萝卜半根，菠菜 100 克，食盐、食用油、香油各适量

○ **做法**

① 大米洗净后沥干水分，加入少许植物油和食盐腌渍半小时，放入电压力锅中，加适量清水，启动电源，预约时间。

② 虾干洗净，用温水浸泡 3 小时，泡至虾干回软；菜心洗净，焯水，挤去多余的水分，切碎备用。

③ 早上加入泡好的虾干煮 15 分钟，再加入切碎的菜心稍煮，最后加入香油和食盐调味即可。

○ **小知识**

菜心需先焯水以去除青涩味，这样煮出的粥没有青涩的味道。

# 玉米杂粮饼

**材料**

面粉 50 克，玉米粉 125 克，酵母 2 克，白糖适量

**做法**

① 将面粉和玉米粉放入面盆中拌匀；将酵母溶于水中，冲入面盆中至无干面粉，再加入白糖拌匀，成稍具流动性的稠面糊。

② 放置温暖处发酵，等到面糊表面有气泡产生，面糊有稍微鼓起的状态就发酵好了。

③ 平底锅烧热，在锅底抹薄薄的一层油，舀一勺面糊入锅，并用勺子背轻轻地向四周推成一个圆形小饼，注意饼与饼之间要留空隙，以免粘连。中小火，将饼两面煎成金黄色即可。

# 馒头加青菜，简简单单就是爱

黑豆面馒头带着淡淡的杂灰色，出锅的时候热气腾腾，我们迫不及待地咬上一口，扑鼻而来就是一股淡淡的豆香味，溢满了整个早晨。青芥末伴着菠菜，辛辣美味，像一个精灵，站在鼻腔顶端吹气，连起床气都逃之夭夭了。

**○ 主食**

黑豆面馒头

**○ 饮品**

老酸奶

**○ 其他**

芥末菠菜 / 香蕉

**○ 主要食材**

面粉 250 克，黑豆面 50 克，酵母 3 克，菠菜 350 克，芥末 5 克，老酸奶 1 瓶，香蕉 1 根

**○ 营养解密**

黑豆，味甘性平，高蛋白，低热量，可防老抗衰，药食俱佳。芥末微苦，辛辣芳香，含有丰富的氨基酸、维生素和微量元素，具有杀菌消毒、促进消化、增进食欲等作用。菠菜茎叶柔软滑嫩、味美色鲜，富含类胡萝卜素、维生素 C、维生素 K、矿物质、辅酶 $Q_{10}$ 等多种营养素。

**○ 暖心配餐**

老酸奶提前买好，放入冰箱保存；香蕉提前买好。

## 青芥末菠菜

**材料**

菠菜 350 克，芥末 5 克，松仁少许，酱油、香醋、盐、鸡粉、香油各适量

**做法**

① 将芥末放入碗中，调入酱油、香醋、鸡粉、盐，搅拌均匀。

② 汤锅里烧开水，将洗净沥水的菠菜放入开水中炒至断生后捞出沥水。

③ 加少许香油，加入松仁，将调好的芥末汁淋入拌匀即可。

## 黑豆面馒头

**材料**

面粉 250 克，黑豆面 50 克，酵母 3 克，白糖适量

**做法**

① 将面粉、黑豆面粉与白糖混合，酵母溶于水中，一边冲入面粉中，一边用筷子搅拌成块状面絮，揉成光滑面团，加盖保鲜膜，放温暖处发酵至 2 倍大。

② 案板上撒干面粉，取出面团，反复揉搓排气。

③ 将面团搓成长条，按自己的喜好分切成若干等份，底部铺玉米皮，放入加好水的蒸锅中，静置 10 分钟。

④ 开大火，上汽后蒸 15 分钟关火，3 分钟后即可开盖，晾凉，放入冰箱，备用。

⑤ 早上，取出馒头复蒸 8 分钟。

# 最是那碗焖饭香

一日伊始，伸伸懒腰，脑袋里寻思着今日的早餐，忽而想起了香肠焖饭那令人食指大动的浓郁油香，不禁莞尔，充满动力，在一蔬一饭间欢喜期待，也总算没有辜负这美好的早晨了。

主食　香肠焖饭
饮品　豆浆
其他　芒果 / 咸鸭蛋

### ○ 主要食材

大米 300 克，胡萝卜 1 根，豌豆 300 克，广式香肠 4 根，黄豆 80 克，咸鸭蛋 2 个，芒果 2 个

### ○ 营养解密

豆浆味甘、性平，有健脾养胃、补虚润燥、清肺化痰、通淋利尿、润肤美容之功效。咸鸭蛋含有很多蛋白质、维生素和身体所需的微量元素。芒果含有大量的维生素，经常食用芒果可以起到滋润肌肤的作用。

### ○ 暖心配餐

① 咸鸭蛋冷水下锅，煮 5 分钟捞起，对半切开；

② 芒果洗净，去皮，去核，切丁，摆盘即可。

## 香肠焖饭

○ **材料**

大米 250 克，胡萝卜 1 根、豌豆 300 克，广式香肠 4 根，大蒜 4 瓣，食用油、食盐、鸡精、酱油各适量

○ **做法**

① 大米洗净；香肠洗净切粒；胡萝卜洗净切粒；大蒜洗净拍扁切碎。

② 锅中入油加热，放入大蒜爆香，下香肠粒、胡萝卜粒和豌豆翻炒。

③ 再放入洗干净的大米，调入适量的食盐、鸡精和酱油继续翻炒。

④ 将炒好的食材放入电饭锅，加水，以没过所有材料为宜，盖盖，启动电源，按下按键，焖煮至熟。

⑤ 煮好以后，继续焖 10 分钟即可起锅。

## 黄豆豆浆

○ **材料**

黄豆 80 克

○ **做法**

① 黄豆洗净，用清水浸泡一夜，备用。

② 将泡好的黄豆放入豆浆机中，加入适量水，启动电源，待豆浆煮好可以根据自己的喜好加糖或者蜂蜜。

# 复制儿时的那一抹锅贴焦香

一大早，我们揉揉惺忪的睡眼，放眼窗外，草木争相萌动，忽而听到刺啦一声，诱人的香气接踵而来，当下心头一暖，早餐时间如约而至。生煎锅贴表皮焦黄，肉馅鲜嫩，有脆有绵，亦酥亦烂，一口一个惊喜，还有清凉苦涩的苦瓜排骨汤，好似在旁嗔怪，让我们慢点，别噎着了。

**○ 主食**

生煎锅贴

**○ 汤品**

苦瓜排骨汤

**○ 其他**

苹果

**○ 主要食材**

面粉 400 克，猪肉 300 克，韭菜 150 克，苦瓜 200 克，排骨 400 克，苹果 1 个

**○ 营养解密**

面粉为常用主食，富含碳水化合物，可为身体提供足够的热量。苦瓜中含有多种维生素、矿物质，含有清脂、减肥的特效成分，可以加速排毒，还具有良好的降血糖和抗病毒功效。苹果营养全面，酸甜开胃，尤其微量元素和胶质对人体有极大好处。排骨含有丰富的蛋白质、脂肪、维生素、钙等营养素，补充骨胶原，增强骨骼的造血功能。

**○ 暖心配餐**

苹果提前购买，早餐时洗净即可。

## 凉瓜排骨汤

○ **材料**

苦瓜 200 克，排骨 400 克，枸杞子 5 克，姜、盐、料酒、味精各适量

○ **做法**

① 洗净剁好的排骨，泡入凉水中，期间换几次水，把排骨中的血水泡出。

② 苦瓜洗净，剖开去籽，切大块；姜洗净，切片。

③ 将排骨放入滚水中汆烫 5 分钟，捞出清洗干净，与苦瓜、枸杞子一同放入电炖锅中，加适量清水，加入姜片和少许料酒，启动电源，定时。

④ 早上，待排骨炖烂后，放盐、味精调味即可。

## 生煎锅贴

○ **材料**

面粉 400 克，猪肉 300 克，韭菜 150 克，盐、味精、胡椒粉、老抽、香油各适量

○ **做法**

① 猪肉洗净，剁成肉末；韭菜洗净，切碎。肉末盛入碗中，调入盐、味精、胡椒粉、老抽、香油拌匀，加入韭菜混合均匀，做成馅料。

② 将面粉倒入盆中加适量清水和成面团，揉匀揉光，搓成长条，再切成小剂子，将小剂子按扁，擀成中间厚四边薄的面皮。

③ 取一张面皮，手指蘸上清水沿边涂上半圈以便捏合，在面皮中央放上适量馅料，将两边提起对折、捏合，做成锅贴生坯，放入冰箱，备用。

④ 早上，锅中入油烧热，放入锅贴生坯，煎至底部微黄时，注入适量清水，盖上锅盖，以中火焖至水分收干时，起锅翻面盛入盘中即可。

# 红绿相间的诱惑

橙红嫩绿，趣味盎然，在早餐的调色盘里动些小脑筋，一不小心，竟变得如此赏心悦目，再配上爽口的莴笋丝，软糯的红薯粥，不禁感叹，生活如画，就只差我们一点认真执着的小心思了。

**主食** 菠菜胡萝卜饺 / 红薯粥
**其他** 凉拌莴笋丝

### 主要食材

高筋粉 300 克，胡萝卜汁、菠菜汁各 120 克，猪肉 200 克，菜泥 200 克，莴笋 1 根，大米 100 克，红薯 80 克

### 营养解密

莴笋含有碳水化合物、蛋白质、脂肪、大量膳食纤维、钾、磷、钙、钠、镁、叶酸、维生素 A、维生素 $B_1$ 等多种丰富营养素，与胡萝卜同食，不仅有利于营养吸收，而且还可以促消化。红薯含有膳食纤维、胡萝卜素、维生素 A、B 族维生素、维生素 C、维生素 E，以及钾、铁、铜、硒、钙等 10 余种微量元素，可通便减肥，提高免疫力，抗衰老等。

### 暖心配餐

莴笋去皮，洗净，切丝，焯水后捞出待用。将莴笋盛入碗中，调入盐、味噌、白醋、辣椒油、香油拌匀。

## 菠菜胡萝卜饺

### ○ 材料

高筋粉 300 克，胡萝卜汁、菠菜汁各 120 克，猪肉 200 克，菜泥 200 克，料酒、生抽、芝麻油、洋葱末各适量，葱花、萝卜碎少许

### ○ 做法

① 将猪肉洗净，剁成肉末，给猪肉馅打水，加入料酒、生抽拌匀，使肉质顺滑具有黏性，淋上芝麻油，搅匀备用。

② 将高筋粉分成 2 等份，分别加入菠菜汁和胡萝卜汁合成面团，加盖保鲜膜，静置 20 分钟。

③ 将白菜泥加入肉馅中，淋上芝麻油，朝同一方向搅拌至均匀顺滑，成馅料。

④ 案板上撒干面粉，取出面团，揉光滑，搓成长条，切成小剂子，撒干粉擀成薄圆形饺子皮，包入馅料，捏合制成饺子生坯，放入冰箱，备用。

⑤ 早上，将生坯码入铺垫好的锅中，冷水上锅，开大火，上汽后蒸约 12 分钟关火，3 分钟后开盖取出，撒上少许葱花和萝卜碎即可。

## 红薯粥

### ○ 材料

大米 100 克，红薯 80 克，白糖适量

### ○ 做法

① 红薯洗净去皮，切成小块待用。

② 锅中加适量清水，以大火烧开，放入红薯、大米继续煮沸。

③ 转小火熬煮至粥软熟，加适量白糖调味即可。

# 萝卜丝与牛奶芝麻的碰撞

馅饼和米糊摇身一变，成为餐桌上的主角，馅饼外皮烙得酥香，内馅萝卜鲜美，拿起来还有些烫手，等不及地咬上一口，哈出热气时尝一下温润的牛奶芝麻米糊，甜滋滋的，一整天的好心情就这样呼之欲出了。

**○ 主食**

萝卜丝馅饼

**○ 米糊**

牛奶芝麻米糊

**○ 其他**

鸡蛋

**○ 食材清单**

面粉 200 克，萝卜 150 克，大米 40 克，黑芝麻 30 克，花生仁 20 克，牛奶 200 毫升，鸡蛋 1 个

**○ 营养解密**

萝卜营养丰富，所含热量少，膳食纤维比较多，实用、药用价值高。牛奶芝麻米糊有补血、生津、润肠、益脾胃、补肝肾和养发功效，能增强记忆力、保持和恢复活力。

**○ 暖心配餐**

制作早餐的同时，可将鸡蛋煮好。锅中放水，放入鸡蛋，大火煮沸腾，转中火煮 5 分钟左右即可。

## 牛奶芝麻米糊

**○ 材料**

大米 40 克，黑芝麻 30 克，去皮花生仁 20 克，牛奶 200 毫升，蜂蜜适量

**○ 做法**

① 黑芝麻、去皮花生仁放入平盘子，进微波炉，高火 2 分钟。

② 大米用清水浸泡 2 小时，淘洗干净，备用。

③ 早上，将除蜂蜜外的所有材料放入豆浆机，加水至上、下水位线之间，按下“米糊”键。

④ 豆浆机提示米糊做好后加入蜂蜜搅拌均匀即可。

## 萝卜丝馅饼

**○ 材料**

面粉 200 克，萝卜 150 克，葱、食用油、盐、白糖、胡椒粉各适量

**○ 做法**

① 萝卜去皮、洗净，切细丝；葱洗净，切葱花。

② 面粉盛入盘中，加入盐和少许食用油，注入适量清水和匀，揉成光滑的面团，盖上湿布，饧发 20 分钟。

③ 萝卜丝、葱花盛入碗中，调入盐、白糖、胡椒粉拌匀，做成馅料。

④ 取出面团搓成长条，再分切成小面剂，用擀面杖擀成面片。

⑤ 取一张面片，放上馅料，包好，再用掌心压成饼状生坯，放入冰箱，备用。

⑥ 早上，平底锅入油烧热，逐个放入饼状生坯，以中火煎至两面均呈金黄色时即可。

# 绕不开的儿时味道

圆圆的雪花珍珠丸子就像儿时手中把玩的弹珠，我们嬉笑打闹地把它弹进了旧时光的胡同里，在那里看到了母亲准备早餐的身影，她正在捣鼓着手上的肉馅和糯米，放在手心里搓圆成丸，偶尔轻轻搅动着锅里的粥，就是这样一份早餐，至今萦绕于心。

**○ 主食**

雪花珍珠丸子 / 蔬菜菌菇粥

**○ 其他**

芥胆炒木耳

**○ 主要食材**

猪肉 300 克，糯米适量，大米 100 克，香菇 6 朵，胡萝卜 1 根，菠菜 100 克，黑木耳 100 克，芥胆 50 克，淮山 50 克

**○ 营养解密**

菌菇是非常好的蛋白质补充代替品，含有丰富的氨基酸，营养美味。芥胆含有丰富的维生素 A、维生素 C、钙、蛋白质、脂肪和植物醣类，对肠胃热重、熬夜失眠、虚火上升，或因缺乏维生素 C 而引起的牙龈肿胀出血等有一定食疗作用。

## 雪花珍珠丸子

### ○ 材料

猪肉300克，糯米、马蹄、姜末、红甜椒、葱，食盐、味精、胡椒粉、料酒、生抽各适量

### ○ 做法

① 猪肉洗净，剁成末；马蹄去皮，洗净，切碎粒；糯米淘洗干净，用温水浸发后沥干；红甜椒洗净，切碎粒；葱洗净，切葱花。

② 将肉末、马蹄混合，加入食盐、味精、胡椒粉、料酒、生抽、姜末混合拌匀，再挤出大小相同的一些肉团。

③ 将肉团放入糯米中滚动粘上糯米。

④ 再将粘上糯米的肉团置入以荷叶垫底的蒸笼中，入锅蒸约20分钟后取出，撒上红椒碎和葱花，晾凉后蒙上保鲜膜放入冰箱，备用。

⑤ 早上，取出复蒸5分钟即可。

## 蔬菜菌菇粥

**○ 材料**

大米 100 克，香菇 6 朵，胡萝卜半根，菠菜 100 克，食盐、食用油、香油各适量

**○ 做法**

① 大米洗净后沥干水分，加入少许食用油和食盐腌渍半小时，放入电压力锅中，加适量清水，启动电源，预约时间。

② 胡萝卜、香菇洗净切成小丁，菠菜择洗干净，切成两段，备用。

③ 早上，将切好的胡萝卜、香菇加入煮好的粥底中，煮 15 分钟，再加入菠菜稍煮，加食盐、香油调味即可。

## 芥胆炒木耳

**○ 材料**

黑木耳 100 克，芥胆 50 克，淮山 50 克，胡萝卜、食用油、盐、白糖、碱水、味精各适量

**○ 做法**

① 芥胆用少许碱水焯过，放入清水中漂去碱味，捞起沥干水。

② 胡萝卜洗净，切片；黑木耳泡发，洗净；淮山去皮，滚刀切块，焯水至八成熟，捞出备用。

③ 油锅烧热，放入黑木耳翻炒，加入胡萝卜、淮山、芥胆继续翻炒，调入盐、白糖、味精炒匀即可。

## 唤醒你的回笼觉

初春的韭菜和配料炒香，半烫面，在油锅里煎成金黄色，金黄酥脆的外皮和韭香浓郁的馅心让人垂涎欲滴，看看汤水里冒出蟹味菇们圆圆的小伞，模样可爱极了，这时再吃上几片热乎乎、甜滋滋的糯米藕，轻而易举地就把人心收买了。

**○ 主食**

韭菜盒子

**○ 汤品**

蟹味菇排骨汤

**○ 其他**

桂花糯米藕

**○ 主要食材**

面粉 400 克，韭菜 250 克，虾皮 80 克，鸡蛋 2 个，排骨 350 克，蟹味菇 200 克，藕 500 克，糯米、桂花、蜂蜜、红糖各适量

**○ 营养解密**

韭菜味辛、性温，有温中开胃、行气活血、补肾助阳、散瘀的功效。蟹味菇含有丰富维生素和多种氨基酸，有益智、抗衰老、降低胆固醇等作用。桂花糯米藕富含铁、钙等营养元素，有明显的补益气血、健脾养胃、增强人体免疫力的作用。

## 韭菜盒子

### ○ 材料

面粉 400 克，韭菜 250 克，虾皮 80 克，鸡蛋 2 个，香油、油、盐各适量

### ○ 做法

① 先将韭菜根部外皮剥掉，用清水冲洗干净，再将根部切去一小段不用，随后将韭菜切碎。

② 中火加热锅中的油，待烧至六成热时将鸡蛋磕入，转中火慢慢搅炒至凝固，炒成鸡蛋碎。

③ 鸡蛋碎、韭菜段和虾皮放入盆中，再调入盐、香油混合均匀，调制成馅料。

④ 把面粉放入盆中，再倒入清水，揉和成一个表面光滑的面团，然后盖上浸湿的屉布，饧 30 分钟。

⑤ 将面团均切成 10 份，分别团成小面团，再用擀面杖擀成圆薄片，取一张圆面片，包入馅料，接着将面片对折，使其呈半圆形，自边缘捏出花纹，依次包好全部盒子，放入冰箱，备用。

⑥ 早上，平底锅烧热，加入油，将包好的盒子放入锅中，盖上锅盖，小火焖 2 分钟，煎至表面金黄，将韭菜盒子翻面，继续加盖焖 2 分钟，煎至两面酥黄即可。

### ○ 小知识

韭菜盒子生胚一定要捏实面皮口，不然在煎制时韭菜盒子生胚受热膨胀，面皮口容易破裂。

## 蟹味菇排骨汤

### ○ 材料

排骨 350 克，蟹味菇 200 克，枸杞子 5 克，姜、盐、鸡精各适量

### ○ 做法

① 洗净剁好的排骨，泡入凉水中，期间换几次水，把排骨中的血水泡出。

② 蟹味菇洗净，沥干水分；姜洗净，切片。

③ 将排骨放入滚水中汆烫 5 分钟，捞出清洗干净，与蟹味菇、枸杞子一同放入电炖锅中，加适量清水，加入姜片启动电源，定时。

④ 早上，待排骨炖烂后，放盐、味精调味即可。

# 桂花糯米藕

**材料**

藕 500 克，糯米、桂花、蜂蜜、红糖各适量

**做法**

① 藕去皮，洗净，切去一端的藕节，再将孔内泥沙洗净，沥干水分，切下来的藕节待用。

② 糯米淘洗干净，在藕的切开处灌入糯米，并用筷子将糯米塞紧，再用牙签将切下的藕节连接上并扎紧，以防糯米外漏，放入冰箱，备用。

③ 早上，将备好的糯米藕节放入锅中，注入适量清水以大火烧开，放入红糖、桂花、蜂蜜，再转小火煮至藕节变成微红色时捞出，晾凉后切片，摆入盘中即可。

# 重温青涩年纪的奶黄晨香

我们的童年里一定都有过奶黄包的味道，餐桌上奶黄包表面光滑如脂，面白似雪，奶黄馅细腻绵滑，袅袅升起的热气就像在我们的心尖上挠痒痒，有浓郁的奶香和蛋黄味，入口软绵如云，爱这样早餐，充满阳光。

**○ 主食**

奶黄包

**○ 饮品**

红豆小米浆

**○ 其他**

老醋萝卜皮

**○ 主要食材**

面粉 300 克，酵母 3 克，奶油 100 克，牛奶 50 毫升，鸡蛋 2 个，白萝卜 1 根，红豆 50 克，小米 25 克

**○ 营养解密**

萝卜皮富含萝卜硫素，可促进人体免疫机制，激发肝脏解毒酵素的活性，可保护皮肤免受紫外线的伤害。红豆富含维生素 $B_1$、维生素 $B_2$、蛋白质及多种矿物质，有补血、利尿、消肿、促进心脏活化等功效。小米可健胃消食、养心养脾。

## 红豆小米浆

**材料**

红豆 50 克，小米 25 克，冰糖 10 克

**做法**

① 红豆提前用清水浸泡约 8 小时，洗净；小米淘洗干净，用清水浸泡 2 小时，备用。

② 早上，将上述材料一同倒入全自动豆浆机中，加水至上、下水位线之间，按下“豆浆”键。

③ 豆浆机提示豆浆做好后，滤去豆渣，加冰糖搅拌至化开即可。

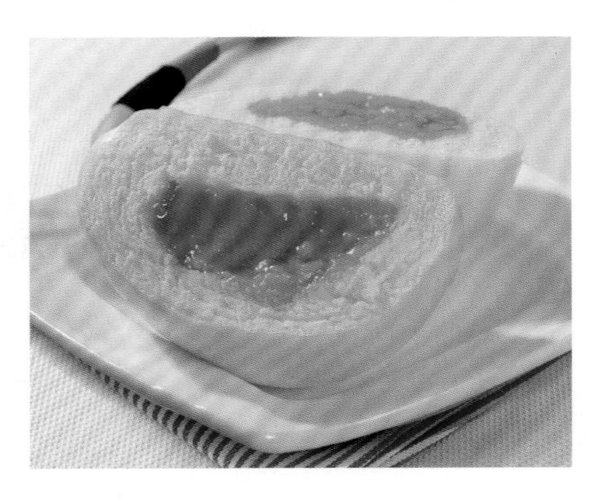

## 奶黄包

**材料**

面粉 300 克，酵母 3 克，奶油 100 克，牛奶 50 毫升，鸡蛋 2 个，油、白糖各适量

**做法**

① 面盆里放上适量温水和酵母，再加入面粉，和成面团，发酵。

② 先切一小块奶油放到小碗里，然后把碗放到蒸锅里把奶油慢慢融化。

③ 在不锈钢盆里打上鸡蛋，然后倒入少量牛奶，放入白糖、油、奶油和少许面粉搅拌均匀。

④ 把调好的馅液放到蒸锅上，锅开 5 分钟后用筷子搅一搅，锅开 10 分钟的时候再搅一下，锅开 15 分钟后奶黄馅就做好了。

⑤ 面团发起来后揉成一个个小剂子，用擀面杖擀薄，把馅料包入，捏好收口朝下，放在屉上。

⑥ 蒸锅注水烧上汽，将包子放入锅内，盖上锅盖，大火蒸 15 分钟左右即可，晾凉，放入冰箱，备用。

⑦ 早上，取出包子复蒸 8 分钟即可。

## 老醋萝卜皮

**材料**

白萝卜 1 根，红椒、陈醋、盐、白糖、香菜各适量

**做法**

① 将白萝卜切去头尾，洗净；红椒洗净，切片；香菜洗净。

② 用刀将白萝卜皮削下来，放进碗里。

③ 将陈醋倒入装有白萝卜皮的碗中，加入红椒片、香菜，调入盐、白糖拌匀，腌渍 10 分钟即可食用。

# 南瓜红豆沙包小米粥套餐

清晨睁开了它爱笑的眼睛，看见了黄澄澄的南瓜豆沙包甜蜜暄软，小米粥贴心暖胃，蔬果新鲜诱人，还有萝卜微辣点缀，它们似乎都在静静等待，何时人们才会发出惊讶的赞叹呢？

**主食** 南瓜红豆沙包 / 小米粥
**其他** 鸡毛菜沙拉 / 辣萝卜

### 主要食材

面粉 400 克，南瓜 350 克，酵母 4 克，豆沙馅 200 克，辣萝卜 100 克，小米 150 克，鸡毛菜 100 克，橘子 2 个

### 营养解密

白萝卜味辛甘，性凉，入肺、胃经，为食疗佳品，可以辅助治疗多种疾病，包括感冒。小米具有清热解渴、健胃除湿、和胃安眠等功效。鸡毛菜中含有丰富的胡萝卜素和维生素 C，进入人体后，可促进皮肤细胞代谢，防止皮肤粗糙及色素沉着，使皮肤亮洁，延缓衰老。

### 暖心配餐

辣萝卜提前买好，早餐时装盘即可。

## 南瓜红豆沙包

### ○ 材料

面粉 400 克，南瓜 350 克，酵母 4 克，豆沙馅 200 克，白糖适量

### ○ 做法

① 南瓜去皮，切块，蒸熟，加白糖捣烂成泥，晾凉。取南瓜泥，加酵母粉混合均匀，再加入面粉，揉成光滑的面团，加盖保鲜膜置于温暖处，发酵至 2 倍大。

② 案板上撒适量干面粉，将发酵好的面团取出，排气揉匀，揉至光滑，分成若干等份，擀成面皮，包入馅料，用虎口将面皮收拢黏合，依次做成包子生坯。

③ 蒸锅加冷水，将生坯放在锅中，盖上锅盖，静置发酵 15 分钟，直接开大火蒸制，上汽后蒸 15 分钟，关火后闷 5 分钟开盖，晾凉，放入冰箱，备用。

④ 早上，取包子复蒸 8 分钟即可。

### ○ 小知识

豆沙馅也可以自己用红豆煮烂，加白糖调制而成，更加健康和营养。

## 小米粥

○ **材料**

小米 150 克，白糖适量

○ **做法**

① 将小米淘洗干净，用清水浸泡 1 小时。

② 锅中加适量清水烧开，放入小米，以大火烧开后，转小火煮至粥黏稠。

③ 出锅前，放入适量白糖搅匀即可。

## 鸡毛菜沙拉

○ **材料**

鸡毛菜 100 克，橘子 2 个，沙拉酱适量

○ **做法**

① 鸡毛菜洗净，手撕成小瓣；橘子剥好。

② 将鸡毛菜和橘子混合装盘，淋上沙拉酱，搅拌均匀即可。

## 抹不去的街头记忆

犹记得很多个赶早的清晨，匆匆忙忙在街头巷弄排着小队，焦急地等待着一份热气腾腾的武汉豆皮，暖暖下胃，迎接忙碌，这种匆忙却畅快的滋味可是在很多旅舍食肆都寻觅不到的。

**主食** 武汉豆皮
**蔬果** 炒藕带 / 青葡萄
**汤品** 蛋酒

**○ 主要食材**

糯米 400 克，面粉 100 克，鸡蛋 4 个，香菇 100 克，猪肉 150 克，榨菜 30 克，香干 100 克，藕带 300 克，胡萝卜 20 克，酒酿 300 克，青葡萄 200 克

**○ 营养解密**

糯米含有蛋白质、脂肪、糖类、钙、磷、铁、B 族维生素及淀粉等，具有补中益气，健脾养胃，止虚汗之功效，对食欲不佳，腹胀腹泻有一定缓解作用。藕带中含有大量的铁、维生素 C、维生素 K 和膳食纤维，能够清热除火、生津止渴、消食、止血凉血、安神除烦。酒酿有健脾开胃、舒筋活血、祛湿消痰、补血养颜、延年益寿的功效。

**○ 暖心配餐**

青葡萄提前买好，早餐时洗净即可。

武汉豆皮
青葡萄

# 武汉豆皮

**材料**

糯米 400 克，面粉 100 克，鸡蛋 2 个，香菇 100 克，猪肉 150 克，榨菜 30 克，香干 100 克，香葱 3 克，食用油、食盐、酱油各适量

**做法**

① 糯米洗净，浸泡 1 夜；猪肉、香干和香菇洗净切丁；面粉加凉水拌成稀米糊待用；鸡蛋加点盐打成鸡蛋液；香葱洗净切末，备用。

② 蒸锅上铺上纱布，倒入浸泡好的糯米，蒸 25 分钟，中途在米饭上撒少许水。

③ 平底锅里放入适量油，加入肉丁、香干和香菇丁翻炒，调入少许酱油、食盐，再加入榨菜丁翻炒片刻，连汤汁一同盛起备用。

④ 平底锅入油烧热，转小火，倒入 2 勺面糊，推平，等面糊凝固后，倒入蛋液。

⑤ 等鸡蛋液呈半凝固状时翻面，在面皮上均匀铺上糯米饭，撒上肉丁、香干、香菇丁和榨菜。

⑥ 用铲子压实，转小火，盖盖焖 2 分钟，揭开切成 4 份，撒上香葱即可。

## 炒藕带

**材料**

藕带 300 克，红椒、葱花、油、盐、鸡精、香油各适量

**做法**

① 藕带洗净，切段；红椒洗净，切丝。

② 锅中入油，烧热，倒入藕带翻炒片刻，加入红椒丝，调入盐、鸡精、香油、葱花，拌匀即可。

## 蛋酒

**材料**

胡萝卜 20 克，酒酿 300 克，鸡蛋 2 个，白糖少许

**做法**

① 胡萝卜洗净，切成小颗粒。

② 锅中加适量水烧开，倒入酒酿煮至再次沸腾。

③ 打入蛋液，加入胡萝卜碎和白糖煮至溶化即可。

# 有故事的艾蒿青团

艾蒿青团油绿如玉，闻着有一股清淡的艾草香气，糯韧绵软，肥而不腻，它有淡淡的涩，还有微微的凉，配上牛奶燕麦粥那不经意的甜，俘获人心，恰到好处。

**主食** 青团 / 牛奶燕麦粥
**其他** 咸鸭蛋 / 吐司片 / 哈密瓜

### ○ 主要食材

艾蒿 400 克，糯米粉 180 克，黏米粉 50 克，牛奶 600 毫升，燕麦片 100 克，哈密瓜半个，咸鸭蛋 1 个，肉松、吐司片各适量

### ○ 营养解密

艾蒿具有温经通络、行气活血、祛湿逐寒、消肿散结、回阳救逆、安胎的功效。燕麦具有抗细菌、抗氧化的功效，能够有效地增加人体的免疫力，抵抗流感等。哈密瓜能够补充维生素，多吃能确保机体保持正常新陈代谢的需要。

### ○ 暖心配餐

① 哈密瓜洗净去皮切小块，装入碗中。

② 吐司片提前买好，微波炉加热 1 分钟即可。

③ 咸鸭蛋冷水下锅，煮 5 分钟后捞起，对半切开待食用。

## 青团

**材料**

艾蒿 400 克，糯米粉 180 克，黏米粉 50 克，白糖、咸蛋黄、肉松、芝麻油各适量

**做法**

① 艾蒿洗净，焯水，捞出入凉水浸泡 30 分钟后，挤干水分，放入料理机中打碎。

② 把打好的艾蒿浆放入大碗内，加入糯米粉、黏米粉和白糖，调和成面团。

③ 将咸蛋黄在碗里碾碎，加入肉松，搅拌均匀。

④ 将面团切成每个大约重 75 克的小面团，搓成长条，逐个按扁，包入蛋黄和肉松，捏拢收口，搓成圆球状。

⑤ 取出蒸笼，笼内铺上湿布，放入青团，蒸至熟，晾凉，放入冰箱，备用。

⑥ 早上，取出青团复蒸 5 分钟，而后在青团上刷少许芝麻油即可。

## 牛奶燕麦粥

**材料**

牛奶 600 毫升，燕麦片 100 克，白糖适量

**做法**

① 锅中加牛奶烧开，放入燕麦片，以大火烧开后，转小火煮至粥黏稠。

② 出锅前，放入适量白糖搅匀即可。

# 奏响夏天的交响乐

炎热的夏季早晨，总是让人食欲不振，这样一碗简单开胃又清凉爽口的凉米粉是再适合不过的选择，加入了红油鸡丝，更显得活色生香、诱惑十足。

**○ 主食**

鸡丝凉米粉

**○ 饮品**

雪梨山楂果汁

**○ 其他**

芙蓉煎滑蛋

**○ 主要食材**

鲜米粉 200 克，红油鸡丝、酸笋各适量，鸡蛋 4 个，叉烧肉 60 克，水发香菇 10 克，玉兰片 30 克，雪梨 150 克，山楂 20 克，蜂蜜 10 克

**○ 营养解密**

米粉由大米制成，营养价值颇高，含有淀粉、矿物质、B 族维生素、膳食纤维等营养成分，具有健脾养胃、补益气血、聪耳明目的功效。梨有润肺清燥、止咳化痰、养血生肌的作用。山楂具有降血脂、降血压、强心、抗心律不齐等作用，同时也是开胃、消食化积、活血化瘀的良药。

## 鸡丝凉米粉

○ **材料**

鲜米粉200克，红油鸡丝、酸笋各适量，盐、生抽、蒜、醋、葱、熟白芝麻、辣椒油各适量

○ **做法**

① 米粉煮熟，过凉水晾凉后备用。

② 蒜洗净，剁成蒜泥，葱切葱花，酸笋切成细丁，备用。

③ 将凉米粉和蒜泥、酸笋配在一起，放入生抽、醋、辣椒油、红油鸡丝拌匀，撒上芝麻、葱花后即可食用。

## 芙蓉煎滑蛋

○ **材料**

鸡蛋4个，叉烧肉60克，水发香菇10克，玉兰片30克，食用油、香油、胡椒粉、湿淀粉、盐、味精、高汤、葱、姜各适量

○ **做法**

① 把鸡蛋打入碗内，用筷子搅打，加入胡椒粉、盐、味精，搅拌均匀。

② 将叉烧肉、水发香菇、玉兰片、葱、姜等均切成丝，放入鸡蛋碗内，再搅匀待用。

③ 炒锅上火，倒入食用油，烧至七八成热，把鸡蛋倒入，用文火煎至两面呈金黄色，至熟。

④ 在鸡蛋上烹上适量高汤，用调稀的湿淀粉勾芡，滴入香油即成。

# 雪梨山楂果汁

**材料**

雪梨 150 克，山楂 20 克，蜂蜜 10 克

**做法**

① 将雪梨去皮、去核，切成小块；山楂泡软，去核。

② 将上述材料倒入豆浆机中，加入适量凉饮用水，按下“蔬果汁”键。

③ 豆浆机提示蔬果汁做好后倒入杯中，加入蜂蜜调味即可。

经年累月，干炒牛河加上简单的配菜和小汤，总能令人带着淡淡怀念的情绪，对于我来说，在宁静而幸福的早晨片刻，将这种幸福感借由这份低调而诚恳的早餐传达出来，也是最适合不过了。

**○ 主食**

干炒牛河

**○ 汤品**

清新素菜汤

**○ 其他**

凉拌野蕨菜

**○ 主要食材**

河粉 150 克，牛肉 100 克，绿豆芽适量，蕨菜 300 克，内酯豆腐 1 盒，苦瓜 100 克

**○ 营养解密**

干炒牛河主要以芽菜、河粉、牛肉等炒成，含有蛋白质、碳水化合物、维生素 $B_1$、铁、磷、钾等营养元素，易于消化和吸收，具有补中益气、健脾养胃的功效。蕨菜含蛋白质、脂肪、碳水化合物、维生素 C、胡萝卜素、钙、磷、钾等成分，具有促进胃肠蠕动，减肥去脂，降低血压，延缓衰老等作用。

## 干炒牛河

### ○ 材料

河粉 150 克，牛肉 100 克，绿豆芽适量，盐、白糖、老抽、辣椒油、香油、淀粉、葱、熟白芝麻各适量

### ○ 做法

① 牛肉洗净，切片，加老抽、淀粉腌制片刻，绿豆芽去头尾、洗净。葱洗净，切葱段。

② 油锅烧热，下入牛肉炒至八成熟时盛出。

③ 再热油锅，入河粉翻炒 3 分钟，调入盐、白糖、老抽、辣椒油，加入牛肉、豆芽同炒片刻。

④ 放入葱段稍炒，淋入香油，起锅盛入盘中，撒上熟白芝麻即可。

## 凉拌野蕨菜

### 材料

蕨菜 300 克，香菜少许，大蒜、姜各适量，盐、味精、老抽、白醋、辣椒油、水豆豉各适量

### 做法

① 将蕨菜洗干净，放入沸水锅中焯熟后捞出，切段，码入盘中；香菜洗净，切碎；大蒜、姜均去皮，洗净，切末。

② 将蒜末、姜末、香菜碎混合，调入盐、味精、老抽、白醋、辣椒油、水豆豉拌匀，淋在蕨菜上即可。

## 清新素菜汤

### 材料

内酯豆腐 1 盒，苦瓜 100 克，食用油、盐、香油各适量

### 做法

① 苦瓜洗净，切碎，加盐稍腌；内酯豆腐切小块。

② 锅中加入食用油烧热，加入苦瓜稍炒后，注入适量清水烧开。

③ 调入盐和香油拌匀。

④ 把切好的内酯豆腐倒扣于碗中，浇上煮好的苦瓜汤，拌匀即可。

## 来自大海的灵感

炒饭饭粒晶莹，鲜美诱人，空气中还飘着一阵淡淡清幽的茉莉花香，今天的早餐令人心旷神怡，精神抖擞。

**○ 主食**

海瓜子芥蓝炒饭

**○ 饮品**

冬瓜玉米汤

**○ 其他**

清香茉莉花

**○ 主要食材**

米饭 200 克，海瓜子 100 克，鸡蛋 1 个，芥蓝适量，茉莉花 150 克，红甜椒适量，玉米 1 个，冬瓜 150 克

**○ 营养解密**

海瓜子又名薄壳米，是一种独特海味，肉质肥嫩，味道鲜美。茉莉味道浪漫清幽，香气迷人，有助于安抚神经，使情绪获得抚慰，增强自信心。玉米和冬瓜可调中健脾，利尿消肿。芥蓝具有除邪热、解劳乏、清心明目的功效。冬瓜具有利尿消肿、减肥、清热解暑的功效。玉米具有调中开胃、益肺宁心、清湿热、利肝胆、延缓衰老等功效。

## 海瓜子芥蓝炒饭

**材料**

米饭 200 克，海瓜子 100 克，鸡蛋 1 个，芥蓝适量，盐、生抽、料酒各适量

**做法**

① 海瓜子洗净沥干水分；芥蓝洗净，切碎；鸡蛋磕入碗中，搅散成蛋液。

② 锅中入少许油烧热，放入海瓜子翻炒片刻，加少许盐炒匀，盛出待用。

③ 再热油锅，倒入蛋液，待其凝固时，加入米饭炒散，调入盐、生抽炒匀，再加入海瓜子同炒片刻，烹入料酒，起锅盛入碗中即可。

## 清香茉莉花

○ **材料**

茉莉花 150 克，红甜椒适量，盐、醋、味精、香油各适量

○ **做法**

① 茉莉花洗净，放入开水锅中略焯一下，再放入凉开水中过凉；将红甜椒切成丁，放入开水锅中略焯一下，同样放入凉开水中过凉。

② 将所有食材放入盘中，加入盐、味精、醋、香油拌匀后即可。

## 冬瓜玉米汤

○ **材料**

玉米 1 个，冬瓜 150 克，姜适量，香油、盐、素高汤、鸡精各适量

○ **做法**

① 玉米去皮后洗净，切成长条。冬瓜去籽，削皮，切成大小适中的方块；姜去皮，洗净，切成末。

② 将砂锅置于火上，注入适量素高汤，放入玉米、冬瓜块、姜末，大火烧开，转小火煮 20 分钟，至冬瓜煮软、煮透。

③ 加入盐和鸡精调味，最后淋上香油，盛出即可。

# 甜蜜与软糯的结合

今天的早餐从健康美味出发，芋头软糯，南瓜香甜，两者一起煲，口感细腻，氤氲的热气中传来淡淡的甜香，弥漫着整个餐桌，而口味鲜香清新的素菜卷和红豆酸奶又是一段奇妙的相遇，挑逗着我们的味蕾。

**○ 主食**

南瓜香芋煲

**○ 饮品**

红豆酸奶

**○ 其他**

豆皮素菜卷

**○ 主要食材**

南瓜、香芋各 150 克，新鲜芡实 100 克，百合适量，豆腐皮 2 张，香干 100 克，雪里蕻 100 克，黑木耳 50 克，蛋液适量，红豆 50 克，酸奶 100 毫升

**○ 营养解密**

南瓜营养丰富，含有淀粉、蛋白质、胡萝卜素、B 族维生素、维生素 C 和钙、磷等营养成分，具有健脾，护肝，预防胃炎，防治夜盲症等功效。香芋中富含蛋白质、钙、磷、铁、钾、镁、钠、胡萝卜素、维生素 C、B 族维生素、皂角苷等多种成分，可增强免疫力，洁齿防龋，美容乌发，补中益气等。红豆有补血、利尿、消肿、改善心脏活动等功效。

## 豆皮素菜卷

**材料**

豆腐皮 2 张，香干 100 克，雪里蕻 100 克，黑木耳 50 克，蛋液适量，盐、食用油、香油、胡椒粉、生抽各适量

**做法**

① 香干洗净，切碎；雪里蕻洗净，焯水，切碎；黑木耳泡发，洗净，切碎。

② 锅中加入食用油烧热，倒入香干、雪里蕻、黑木耳翻炒均匀，加入盐、胡椒粉、生抽炒匀，淋入香油拌匀，盛出。

③ 取一张豆腐皮，放入炒好的馅料，轻轻卷起，接口处抹上蛋液粘牢，成为一个豆皮卷，依次将其余全部做好。

④ 将豆皮卷放入蒸锅中，大火蒸 5 分钟，取出晾凉，切段即可。

## 南瓜香芋煲

**材料**

南瓜、香芋各 150 克，新鲜芡实 100 克，百合适量，素高汤、盐、白糖各适量

**做法**

① 香芋和南瓜去皮切丁块；新鲜芡实洗净，百合去根蒂，掰成片，焯水备用。

② 起锅加入素高汤，把芡实放入锅中，大火煮开后，转小火煮至芡实变软糯。然后加入香芋，大火煮透后加入南瓜，继续煮 5 分钟至南瓜熟透。

③ 加入盐和白糖调味，再撒上百合即可。

## 红豆酸奶

**材料**

红豆 50 克，酸奶 100 毫升

**做法**

① 红豆提前用清水浸泡一晚，约 8 小时，洗净。

② 将红豆、酸奶倒入豆浆机中，加入适量凉饮用水，按下“蔬果汁”键。

③ 豆浆机提示蔬果汁做好后，倒入杯中即可饮用。

# 蒸出食物的绝美滋味

一份颇具特色的广式早餐，蒸好的河粉爽滑中带着淡淡的咸香味和浓浓的蒜蓉味，酱香凤爪脆嫩可口，怎么吃都不过瘾，吃饱喝足之际，再来一份双皮奶作为完美的尾音，如此甚好！

### 主食

蒜蓉蒸河粉

### 其他

酱香凤爪 / 双皮奶

### 主要食材

河粉 200 克，鸡爪 400 克，全脂鲜奶 500 毫升，鸡蛋 3 个

### 营养解密

河粉富含蛋白质、碳水化合物和膳食纤维等成分，能够为机体提供热能，维持大脑功能，调节脂肪代谢，增强肠道功能等。鸡爪的营养价值颇高，含有丰富的钙质及胶原蛋白，多吃不但能软化血管，同时具有美容功效。

## 蒜蓉蒸河粉

### ○ 材料

河粉200克，葱、蒜各适量，食用油、料酒、生抽、白胡椒粉、白糖、香油各适量

### ○ 做法

① 大蒜剥皮洗净，剁成蒜蓉；葱洗净，切碎。河粉加入香油、白胡椒粉，拌匀装盘。

② 锅烧热，加入食用油，放入一半蒜蓉，爆香后改小火，再加入料酒、生抽、白糖、香油、白胡椒粉和少许水搅拌煮匀，制成为调味汁。

③ 用大火烧开蒸锅中的水，将装有河粉的盘子放进锅中，保持大火，蒸5～6分钟。

④ 把剩下的蒜蓉和葱花撒入盘中，浇上调味汁即可。

## 酱香凤爪

### ○ 材料

鸡爪400克，油、盐、五香粉、料酒、生抽、红椒、老抽、蚝油、白胡椒粉、豆豉、麻油、白醋、蜂蜜、姜各适量

### ○ 做法

① 将鸡爪洗净去掉指尖，锅中加冷水放入切好的鸡爪，加料酒、姜片煮约2分钟后捞出。

② 鸡爪放冷水中浸泡一下，冲去浮沫，捞出，晾干鸡爪表皮水分。

③ 将蜂蜜和白醋混合调成汁，刷到晾干的鸡爪上，再晾干防止油炸时溅油。

④ 锅中倒入油烧至五六成热时，放入鸡爪炸制。炸时盖上锅盖，以免被油溅。

⑤ 将炸成金黄色的鸡爪捞起沥油后，放入冷水中浸泡最少1小时以上，备用。

⑥ 早上，将姜、盐、五香粉、料酒、生抽、老抽、蚝油、白胡椒粉、麻油混合成酱汁待用。红椒洗净，切圈。

⑦ 将泡发的鸡爪装盘放入蒸锅中蒸，约15分钟后将酱汁倒在蒸好的鸡爪上，拌匀，再撒上一点豆豉，放上红椒，再继续蒸20分钟即可。

# 双皮奶

**材料**

全脂鲜奶 500 毫升，鸡蛋 3 个，白砂糖适量

**做法**

① 将全脂鲜奶倒入宽口的碗中，放入沸水蒸锅，蒸 5 分钟后关火。

② 静置 5 分钟后，牛奶上便会形成一层厚厚的奶皮。

③ 从碗边小心地将牛奶缓缓倒进另一只碗中，碗底留少许牛奶，以防奶皮粘在碗底。

④ 将蛋清倒入碗中，加入适量的白砂糖，用筷子将蛋清打散。将打散的蛋清倒入牛奶，朝一个方向搅匀后，用滤网将牛奶蛋清液过滤。

⑤ 沿着碗边将蛋奶液慢慢倒入碗中，待奶皮完全浮起盖上保鲜膜，放入蒸锅，开中大火，水开后蒸 12 分钟后关火，焖 5 分钟即可。放入冰箱冷藏第 2 天早上食用。

**小知识**

双皮奶不宜大火蒸太久，否则很容易蒸出蜂窝，不滑嫩，影响口感。

清淡甜腻两相宜

素拌面皮可谓四季皆宜，春天吃能解乏，夏天吃能消暑，秋天吃能祛湿，冬天吃能保暖。炎炎夏日没食欲，来一碗鲜嫩滑爽、酸辣开胃的素拌面皮，实在过瘾。略显单薄时，配上拔丝红薯是绝佳的选择，色泽浅黄微亮，质地柔软鲜嫩，吃时蘸水拔丝，香甜可口沁心。

○ 主食

素拌面皮

○ 饮品

老酸奶

○ 其他

拔丝红薯

○ 主要食材

面皮 200 克，黄瓜、白洋葱、红椒、香菜各适量，红薯 300 克，鸡蛋 1 个，面粉 10 克，淀粉 50 克，老酸奶 200 毫升

○ 营养解密

面皮是由大米制成的，具有补中养胃、益精强志、聪耳明目、和五脏、通四脉、止烦、止渴、止泻等作用。红薯中蛋白质、碳水化合物等含量都比大米、面粉更高，且红薯中蛋白质组成比较合理，人体必需氨基酸含量高，特别是粮谷类食品中比较缺乏的赖氨酸在红薯中含量较高。

○ 暖心配餐

老酸奶提前买好，放入冰箱。

## 拔丝红薯

○ **材料**

红薯300克，鸡蛋1个，面粉10克，淀粉50克，食用油500毫升，白糖适量

○ **做法**

① 红薯去皮切块，拍上少许干淀粉。将鸡蛋打入碗内，加上面粉、淀粉、水、少许油搅成糊。

② 锅内倒入食用油，烧热，将红薯逐个挂上糊后放入，炸成金黄色，待红薯浮起后，捞起沥油。

③ 将锅洗净加少许清水和白糖，炒至汁变黄起小泡时，放入炸好的红薯翻几次，盛在抹上油的盘子上，配上一碗凉水即可。

## 素拌面皮

○ **材料**

面皮200克，黄瓜、白洋葱、红椒、香菜各适量，食用油、盐、醋、生抽、鸡精、辣椒油各适量

○ **做法**

① 黄瓜去皮，洗净，切丝；红椒洗净，切丝；香菜洗净，切段；白洋葱洗净，切丝。

② 锅中倒入食用油，烧至七成热，倒入洋葱丝炸至金黄捞出，制成葱油。

③ 面皮切丝放入碗中，加入盐、葱油、醋、生抽、鸡精、辣椒油拌匀。

④ 依次加入黄瓜丝、炸洋葱丝、香菜段、辣椒丝，食用时拌匀即可。

○ **小知识**

面皮也可以选择自己在家制作，更加干净卫生。

# 玉米与桂花的浓情蜜意

尝一口奶香四溢的玉米馒头，烫过的玉米面糊化增加了黏度，口感更细腻柔软，与带着奶香味的黑米米糊简直是绝配，还有别致的山药竟然漾着桂花的香味，吃着这么一份早餐，感觉幸福在早晨蔓延。

**○ 主食**

玉米馒头

**○ 米糊**

牛奶黑米米糊

**○ 其他**

桂香山药

**○ 主要食材**

玉米面 200 克，面粉 400 克，酵母 3 克，牛奶 300 毫升，山药 400 克，黑米 100 克

**○ 营养解密**

山药具有健脾和补中益气的作用，可以缓解手脚冰凉的症状，多汗、反复感冒的气虚患者可增加摄入量。黑米营养丰富， 含蛋白质、脂肪、碳水化合物、B 族维生素、维生素 E、钙、磷、钾、镁、铁、锌等营养元素。具有开胃益中，健脾暖肝，明目活血，滑涩补精之功。

## 牛奶黑米米糊

### 材料

黑米 100 克，牛奶 150 毫升，白糖适量

### 做法

① 黑米洗净，浸泡 2 小时以上，备用。

② 早上，将黑米、牛奶一同放入豆浆机中，加水至上、下水位线之间，按下“米糊”键。

③ 豆浆机提示米糊做好后倒入碗中，加入适量白糖搅匀即可。

## 玉米馒头

### 材料

玉米面 200 克，面粉 400 克，酵母 3 克，牛奶 150 毫升，白糖 8 克

### 做法

① 将玉米面单独放入盆内，冲入开水，边冲边用筷子搅散拌匀，至玉米面粉成团，放凉备用。

② 另取一盆，将白糖与面粉混合；酵母溶于牛奶中，冲入面粉，揉成面团，加入玉米面团，揉至光滑，加盖保鲜膜，放在温暖处发酵至 2 倍大。

③ 案板上撒干面粉，取出面团，反复揉搓排气。

④ 将面团搓成长条，按自己的喜好分切成若干等份，底部铺玉米皮，放入加好水的蒸锅中，静置 10 分钟。

⑤ 开大火，上汽后蒸 15 分钟关火，3 分钟后即可开盖，晾凉，放入冰箱备用。

⑥ 早上，取出复蒸 8 分钟即可。

# 桂香山药

**材料**

山药 400 克，糖桂花、蜂蜜、冰糖各适量

**做法**

① 将山药洗净，去皮，再切成如小拇指粗细长短相仿的长条状。

② 汤锅烧开水（水量以刚能没过山药为宜），水开后放入冰糖与山药，大约煮 10 分钟即可关火。掀盖不要捞出，让它自然凉透。

③ 将凉透的山药与糖水一起倒入一个大碗中，放入冰箱冷藏室。吃的时候，将山药条捞出，整齐地摆入盘中，撒上适量的糖桂花与蜂蜜即可。

# 与米饭共赴柔软时光

鸡蛋火腿炒饭对于我们来说就像一个从小一起玩耍的小伙伴，一点都不陌生，说不上有多考究，但总觉得生活里少不了它，时不时地，就想念着它出锅时喷香诱人的模样。

**○ 主食**

鸡蛋火腿炒饭

**○ 汤品**

虫草芦笋清汤

**○ 其他**

蒜香芥蓝 / 水果什锦拼盘

**○ 主要食材**

大米 200 克，鸡蛋 2 个，火腿肠 2 根，黄瓜、胡萝卜、嫩玉米粒各 30 克，芥蓝 350 克，鲜芦笋 200 克，鲜虫草花 50 克，苹果、香蕉、火龙果、猕猴桃，橙子、圣女果各 100 克，沙拉酱 30 克

**○ 营养解密**

大米为常用主食，富含碳水化合物，为身体提供充足的热量。虫草花含有丰富的蛋白质、氨基酸，以及虫草素、甘露醇、多糖类等多种营养成分，具有增强和调节人体免疫功能、提高人体抗病能力等功效。芥蓝含有丰富的维生素 C，还含有相当多的矿物质、纤维素、糖类等，具备利水化痰、解毒祛风、除邪热、解劳乏、清心明目等功效。苹果、香蕉、火龙果、猕猴桃，橙子、圣女果含有丰富的维生素和大量膳食纤维，对维持人体内的酸碱平衡和消化系统健康大有益处。

## 蒜香芥蓝

○ **材料**

芥蓝 350 克，大蒜、盐、油、味精、生抽各适量

○ **做法**

① 芥蓝择洗干净；大蒜洗净，切碎。

② 锅中入油烧热，下大蒜爆香，下芥蓝翻炒至断生，入盐、味精、生抽调味即可。

## 鸡蛋火腿炒饭

○ **材料**

大米 200 克，鸡蛋 2 个，火腿肠 2 根，黄瓜、胡萝卜、嫩玉米粒各 30 克，葱、油、盐、胡椒粉、味精各适量

○ **做法**

① 大米洗净，放入电饭锅，加入适量水，开启电源，预约时间。

② 早上，玉米粒洗净；胡萝卜、黄瓜均洗净，切小丁；火腿肠切片；鸡蛋磕入碗中，打散成蛋液。

③ 锅中放适量油，加入蛋液，炒至蛋液凝固，盛出备用。锅底留油倒入嫩玉米粒、胡萝卜丁翻炒，至断生，加入黄瓜、火腿炒匀，加盐调味。

④ 放入米饭，用锅铲拨开米粒，加入炒好的鸡蛋，不停翻炒至米饭粒粒分明，放胡椒粉、味精、葱花拌炒均匀，即可。

## 虫草芦笋清汤

### ○ 材料

鲜芦笋 200 克，鲜虫草花 50 克，食用油、盐、素高汤、胡椒粉、水淀粉各适量

### ○ 做法

① 鲜芦笋去掉老的部分，留嫩尖，洗净；鲜虫草花去蒂，洗净备用。

② 锅中加入适量清水，大火烧开，滴入几滴食用油，将洗好的鲜芦笋倒入，煮 15 分钟后捞出，投入备好的凉开水中。

③ 另起一锅，加入适量素高汤，再加入虫草花，大火煮开，然后转小火煮至汤浓，加入胡椒粉和盐调味，用水淀粉勾芡备用。

④ 将浸泡在凉水中的芦笋捞出摆盘，把煮好的清汤浇在芦笋上即可。

## 水果什锦拼盘

### ○ 材料

苹果、香蕉、火龙果、猕猴桃，橙子、圣女果各 100 克，沙拉酱 30 克

### ○ 做法

① 苹果洗净，切开，削皮，去核，切块；香蕉剥皮，切段。

② 火龙果剥皮，取果肉，切块；猕猴桃削皮，切块；橙子削皮，切块；圣女果，洗净，对切。

③ 把所有水果装入盘中，浇上沙拉酱即可。

## 藏在包子里的秘密花园

每到松茸的季节，总会琢磨着为一成不变的包子加入一点心思，菌香味浓郁的松茸让包子味道更香，咬上一口，味蕾得到了极大的满足，满满都是祥和的味道。

**○ 主食**

松茸包

**○ 饮品**

牛奶

**○ 其他**

虾仁蒸蛋 / 青菜炒豆渣

**○ 主要食材**

面粉 400 克，猪肉 150 克，松茸 100 克，酵母 4 克，鸡蛋 3 个，虾 150 克，香菇 50 克，牛奶 750 毫升，黄豆 200 克，青菜 250 克

**○ 营养解密**

松茸的营养价值很高，富含蛋白质、粗纤维、维生素 $B_1$、维生素 $B_2$、维生素 C、烟酸、多种氨基酸、不饱和脂肪酸、核酸衍生物、肽类物质等元素，还具有药用价值，能强身、益肠胃、理气化痰、驱虫等。鸡蛋含有丰富的优质蛋白质和 DHA、卵磷脂等，对神经系统和身体发育有很大好处。虾仁营养丰富，脂肪含量少，并且富含磷、钙，对人体有很好的补益效果。

**○ 暖心配餐**

牛奶提前买好，放入冰箱。

## 青菜炒豆渣

○ **材料**

黄豆 200 克，青菜 250 克，植物油、盐、味精、葱、姜、香油各适量

○ **做法**

① 黄豆洗净，用水浸泡一天，然后放搅拌器中磨成豆末，滤汁取渣，放入冰箱，备用。

② 青菜洗净，焯水，捞出过凉，挤干水分，切碎。

③ 锅中加植物油烧热，放葱姜烹锅，即加入青菜煸炒，然后加水、盐烧开。

④ 将豆渣均匀地放在青菜上，盖上锅盖，用小火焖炖透至熟，放入盐、味精拌匀，淋上香油，盛盘即可。

## 松茸包

○ **材料**

面粉 400 克，酵母 4 克，松茸 100 克，猪肉 150 克，植物油、盐、生抽、葱花、蒜碎各适量

○ **做法**

① 将酵母溶于水中，面粉倒入盆中，然后冲入酵母水，揉成光滑面团，放温暖处发酵至约 2 倍大。

② 松茸洗净，剁碎；猪肉洗净，剁碎。

③ 锅内入植物油烧热，下蒜碎，煸出香味；下肉馅，中小火翻炒至变色，加入切碎的松茸继续翻炒，至香味浓郁时，加入盐与生抽，转大火翻炒 2 分钟，最后加入香葱碎，做成馅料，放凉备用。

④ 在案板上撒上干面粉，将发酵面团反复揉搓 5 分钟，然后将面团搓成长条，做成小剂子，再擀成中间厚、边缘薄的圆皮。

⑤ 取适量馅料放入面皮中，将面皮顺着一个方向折出褶纹，直至收口捏拢封口，即成包子生坯。将做好的包子生坯搁置 15 分钟饧面。

⑥ 蒸锅中加入冷水，将纱布浸湿后放在蒸屉上，放入包子，水烧开后调至中火，蒸约 8 分钟，晾凉，放入冰箱，备用。

⑦ 早上，取出复蒸 8 分钟即可。

# 虾仁蒸蛋

**材料**

鸡蛋 3 个，虾 150 克，香菇 50 克，蒸鱼豉油、盐、料酒、胡椒粉、姜各适量

**做法**

① 虾洗净，剥壳，挑去虾线，取虾仁，用料酒、胡椒粉、姜腌渍，盖上保鲜膜，放入冰箱，备用。香菇洗净，切碎。

② 鸡蛋磕入碗中，加少许盐打散成蛋液，然后再加与蛋液等量的温水，再次搅拌均匀，盖上保鲜膜，大火蒸制 7 分钟，至蛋液半凝固。

③ 放入腌好的虾仁、香菇蒸至蛋液凝固，淋上蒸鱼豉油即可。

**小知识**

鸡蛋打成蛋液后可将浮沫捞出，用温水蒸，且蒸的时间不宜过长，才能保证蒸出来的鸡蛋嫩滑。

一直都觉得葱油饼充满了生活气息，盛载了人们最深厚最质朴的记忆，倘若久久不见，偶尔还是十分想念那溢满街头巷弄的香味，勾人食欲，若能再配上一碗地地道道的汤羹或小菜，便更加令人连连称赞了。

**○ 主食**

葱油饼

**○ 汤品**

白菜豆腐汤

**○ 其他**

地皮菜炒鸡蛋

**○ 主要食材**

面粉 300 克，葱花 30 克，胡椒粉 5 克，白菜 100 克，豆腐 1 块，浓汤宝 1 盒，鸡蛋 3 个，地皮菜 50 克

**○ 营养解密**

大米富含碳水化合物，为身体提供充足的热量。白菜中钙、铁、钾、维生素 A 的含量很高，还含有丰富的粗纤维，有清热除烦、解渴利尿、通利肠胃、清肺热之效。豆腐含多种维生素、叶酸和铁、镁、钙、锌等营养元素，常食可补中益气、清热润燥、生津止渴、清洁肠胃。鸡蛋含有丰富的优质蛋白质和 DHA、卵磷脂等，对神经系统和身体发育有很大好处，一般人每天食用不超过两个。地皮菜富含蛋白质、多种维生素和磷、锌、钙等矿物质。

# 地皮菜炒鸡蛋

**材料**

鸡蛋 3 个，地皮菜 50 克，葱花、盐、油、黄酒各适量

**做法**

① 地皮菜泡发，冲洗干净，焯水，捞出沥干；鸡蛋磕入碗中，加盐和黄酒打成蛋液。

② 锅中入油烧热，倒入打散的蛋液，炒至蛋液凝固盛出备用。

③ 余油烧热，下地皮菜翻炒加入少许盐翻炒片刻，倒入鸡蛋拌匀，撒上葱花即可。

## 葱油饼

**材料**

面粉 300 克，葱花 30 克，胡椒粉 5 克，食用油、盐各适量

**做法**

① 面粉加开水，揉成柔软的面团，饧 20 ~ 30 分钟。

② 饧好的面团揉至表面光滑，之后分成 4 等份。

③ 取其中一块，在面板上撒上干面粉，擀成大面饼，稍薄些，在面饼上撒上少许盐和胡椒粉，抹上油，并均匀撒上葱花。

④ 从面饼的一边卷起，卷成长条卷，将长条卷的两头捏紧，自一头开始卷，卷成圆盘状。然后将圆饼擀得薄些，动作要轻，避免葱花扎破面皮。

⑤ 平底锅放入少量油，烧热，将饼放入，转中火，边烙边用铲子旋转，烙成两面金黄，晾凉，装好放入冰箱，备用。

⑥ 早上，取出用微波炉热 2 分钟即可。

## 白菜豆腐汤

**材料**

白菜 100 克，豆腐 1 块，浓汤宝 1 盒，葱姜末、油、盐、胡椒粉、生抽各适量

**做法**

① 将白菜洗净，切碎；豆腐冲洗，切手指大小的长条。

② 锅中入油，烧至五成热，下葱姜末爆香，下豆腐、白菜，翻炒片刻，加盐炒匀。

③ 加入适量清水和浓汤宝，大火煮开，转小火，煮至白菜软烂，加胡椒粉、生抽调味即可。

担担面源起挑夫们在码头挑着担担卖面，因而得名，这碗面条代表着纯正的四川味道。早晨吃上这么一碗地道的天府美食，其面条细薄，卤汁酥香，咸鲜微辣，配上清甜温润的木瓜炖银耳，美得刚刚好。

**○ 主食**

担担面

**○ 饮品**

木瓜炖银耳

**○ 其他**

橘子

**○ 主要食材**

面条 300 克，猪肉 100 克，芽菜 50 克，浓汤宝 1 盒，青菜 100 克，木瓜 100 克，银耳 50 克，冰糖 30 克，橘子 200 克

**○ 营养解密**

面粉富含碳水化合物，为身体提供充足的热量。猪肉含有丰富的蛋白质及脂肪、碳水化合物、钙、铁、磷等成分，其营养成分容易被人体吸收，是营养滋补之品。青菜中含多种营养素，富含维生素 C 和膳食纤维，能促进肠道蠕动，加速肠道垃圾代谢。银耳木瓜汤营养丰富，可滋阴补肾、健胃清肠、排毒养颜。橘子含有丰富的维生素 C，对人体有着很大的好处。

**○ 暖心配餐**

橘子提前买好，早餐时剥皮食用即可。

## 担担面

○ **材料**

面条 300 克，猪肉 100 克，芽菜 50 克，浓汤宝 1 盒，青菜 100 克，盐、花椒粉、白醋、红酱油、红油、辣椒油、葱、食用油各适量

○ **做法**

① 猪肉洗净，剁成肉末；芽菜洗净，切碎；葱洗净，切末；青菜洗净，沥干水分备用。

② 热油锅，放入肉末炒干水分，加入芽菜，调入盐、辣椒油翻炒均匀，盛出晾凉，放入冰箱，备用。

③ 早上，锅内入油烧热，下辣椒酱炒香，注入适量清水和浓汤宝烧开，调入盐、花椒粉、白醋、红酱油、红油拌匀，起锅盛入碗中。

④ 另用汤锅烧开水，将面条放入沸水锅中煮至熟软后捞出，盛入汤中，再烫青菜，捞出码在面上，浇上炒好的芽菜肉末，撒上葱花即可。

○ **小知识**

担担面好吃的秘诀之一就是酱油要熬制后再使用；料汁的调和，可根据个人的口味增减用料。

## 木瓜炖银耳

○ **材料**

木瓜 100 克，银耳 50 克，冰糖 30 克

○ **做法**

① 银耳泡发，洗净。青木瓜洗净，去皮、去籽，切滚刀块。

② 将银耳、木瓜、冰糖一起放入电炖锅中，加入适量清水，启动电源，预约时间即可。

小的时候，每每能够让我们放下手中的玩具飞奔回家的也不过就是一碗酱油饭，到如今，倘若一大早就闻到它香喷喷的味道，仍旧可以像个孩子般开心一整天。

**○ 主食**

家常酱油茶饭

**○ 汤品**

龙骨海带汤

**○ 其他**

清炒金针 / 雪梨

**○ 主要食材**

大米 200 克，嫩玉米粒 50 克，青椒 100 克，红椒 30 克，龙骨 350 克，海带 200 克，枸杞 5 克，红枣 6 粒，金针菇 300 克，胡萝卜 50 克，梨 350 克

**○ 营养解密**

龙骨含有丰富的钙，有滋补肾阴、 填补精髓等功效。海带含热量低、蛋白质含量中等、矿物质丰富，具有降血脂、降血糖、排铅解毒和抗氧化等多种生物功能，常食对身体有益。金针菇含有多种人体必需氨基酸，其中赖氨酸和精氨酸含量尤其丰富，且含锌量比较高，对增强智力尤其是对儿童的身高和智力发育有良好的作用。梨有清心润肺、降火生津、滋肾补阴功效，皮还有解毒的功效。

**○ 暖心配餐**

雪梨提前买好，早餐时洗净即可食用。

## 清炒金针菇

○ **材料**

金针菇 300 克，胡萝卜 50 克，青椒 70 克，盐、油、蒜各适量

○ **做法**

① 金针菇去蒂，洗净；胡萝卜、青椒均洗净，切丝；大蒜洗净，切碎。

② 锅中入油，放入大蒜爆香，放入胡萝卜丝翻炒，至七成熟，加入金针菇、青椒翻炒，加盐调味即可。

## 家常酱油茶饭

○ **材料**

大米 200 克，嫩玉米粒 50 克，青椒、红椒各 30 克，油、蚝油、老抽、胡椒粉、盐各适量

○ **做法**

① 大米洗净，放入电饭锅，加入适量水，开启电源，预约时间。

② 玉米粒洗净，青红尖椒洗净，切圈备用。

③ 锅中放适量油，倒入嫩玉米粒翻炒，至断生，加入青红椒圈炒匀，加盐调味。

④ 放入米饭，用锅铲拨开米粒，不停翻炒至米饭粒粒分明，放老抽、蚝油，炒匀，根据自己的口味放胡椒粉，拌炒均匀，即可。

# 龙骨海带汤

**材料**

龙骨 350 克，海带 200 克，枸杞 5 克，红枣 6 粒，姜、盐、味精各适量

**做法**

① 洗净剁好的龙骨，泡入凉水中，期间换几次水，把龙骨中的血水泡出。

② 海带洗净，沥干水分，切粗丝；姜洗净，切片。

③ 将龙骨放入滚水中汆烫 5 分钟，捞出清洗干净，与海带、枸杞、红枣一同放入电炖锅中，加适量清水，加入姜片，启动电源，预约时间。

④ 早上，待龙骨炖烂后，放盐、味精调味即可。

面条总是花样百出地出现在我们的餐桌上，而今天的沙茶牛肉炒面，料足味美面劲道，让我们起床以后，仍旧忍不住做了一个关于美食的梦，从里到外都散发着暖意。

**○ 主食**

沙茶牛肉炒面

**○ 汤品**

番茄汤

**○ 其他**

芹菜炒香干 / 苹果

**○ 主要食材**

手工面 200 克，牛肉 150 克，沙茶酱 20 克，番茄 250 克，开心果少许，香干 200 克，香芹 150 克，干辣椒 10 克，苹果 300 克

**○ 营养解密**

面条富含碳水化合物，为身体提供充足的热量。牛肉里蛋白质含量高，脂肪含量低，提高人体的抗病能力。香干含有丰富的蛋白质、维生素 A、B 族维生素、钙、铁、镁、锌等营养元素，营养价值较高，对人体大有益处。芹菜富含蛋白质、碳水化合物、胡萝卜素、B 族维生素和多种矿物质，具有平肝清热，解毒宣肺，清肠利便、降低血压、健脑镇静的功效，常食对身体有益。

**○ 暖心配餐**

苹果提前买好，早餐时洗净即可食用。

## 番茄汤

**○ 材料**

番茄 250 克，开心果少许，食盐、鸡粉、食用油各适量

**○ 做法**

① 番茄洗净，切开，再切瓣。

② 用油起锅，放入番茄炒匀，注入清水，煮沸。

③ 加入食盐、鸡粉，拌匀，续煮至入味。

④ 关火后盛出，点缀上开心果即可。

## 沙茶牛肉炒面

**○ 材料**

手工面 200 克，牛肉 150 克，沙茶酱 20 克，葱，料酒、生抽、油各适量

**○ 做法**

① 牛肉洗净，切丝，加料酒、生抽、油拌匀腌渍，备用；葱洗净，切段。

② 汤锅烧开水，放入面条煮熟，捞出过凉，备用。

③ 炒锅入油，下牛肉翻炒，七成熟沙茶酱一同翻炒，然后放入面条，炒匀，加入葱段，拌匀即可。

# 芹菜炒香干

**材料**

香干 200 克，香芹 150 克，干辣椒 10 克，油、香油、盐、生抽、鸡精各适量

**做法**

① 香干洗净，切丝；香芹洗净，切段；干辣椒洗净，切段。

② 锅中入油烧热，放干辣椒爆香，放入香干煸炒片刻，加入香芹同炒。

③ 调入盐、生抽、鸡精炒匀，淋入香油，起锅盛入盘中即可。

阳春面的形象常常出现在影视中，以其独特的市井魅力温暖了无数赶路人的心，把镜头拉回现实，在许多个提不起劲的慵懒早晨，这碗热腾腾的阳春面也同样给了我们慰藉，赋予我们前进的力量。

### ○ 主食

阳春面

### ○ 其他

蒜蓉炒丝瓜 / 香蕉

### ○ 主要食材

鲜切面250克，猪肥肉200克，紫皮洋葱半个，青蒜苗2棵，丝瓜200克，香蕉300克

### ○ 营养解密

面条富含碳水化合物，为身体提供充足的热量。肥肉中的脂肪中含有人体需要的卵磷脂和胆固醇，能够供给人体所需的热量。洋葱营养丰富，能清除体内氧自由基，增强新陈代谢能力，抗衰老，预防骨质疏松。丝瓜含蛋白质、脂肪、碳水化合物、钙、磷、铁及维生素 $B_1$、维生素C，有清凉、利尿、活血、通经、解毒、抗过敏、美容之效。香蕉营养丰富，可清热润肠，促进肠胃蠕动，改善便秘。

### ○ 暖心配餐

香蕉提前买好。

## 蒜蓉炒丝瓜

### ○ 材料

丝瓜 200 克，大蒜、盐、油、鸡精各适量

### ○ 做法

① 丝瓜去皮，切块；大蒜拍碎，剁成蒜蓉。

② 热锅油，倒入蒜蓉爆香，再倒入丝瓜翻炒，炒至丝瓜变软，加入盐、鸡精调味即可。

## 阳春面

### ○ 材料

鲜切面 250 克，猪肥肉 200 克，紫皮洋葱半个，青蒜苗 2 棵，高汤、生抽、盐各适量

### ○ 做法

① 洋葱洗净切丝；猪肥肉洗净切块；青蒜苗洗净，切末。

② 锅中放入切好的肥肉，中火加热至肥肉变透明，逐渐变成金黄色。

③ 待肉块变小变干，捞出油渣倒出大部分油。

④ 剩余的油继续加热，放入洋葱丝炸至葱丝变干，捞出葱丝。

⑤ 向油锅中加入生抽和盐调味，再加入高汤煮开，盛入汤碗备用。

⑥ 另起锅煮面，面熟熟后捞出，沥干水分，放入汤碗中，撒上青蒜苗末即可。

### ○ 小知识

做阳春面最重要的是炸葱油，紫皮洋葱的味道比较香，炸出的葱油味道非常浓郁。另外，一定要用猪油才能确保葱油和面条的香味。

# 旧时光的芝麻香味

芝麻烧饼历史悠久，宛如被时间的慢火煨过，咬得实实在在，细品却韵味悠长，可以在一蔬一饭间欢喜期待，也总算没有辜负早晨的初衷了。

## ○ 主食

芝麻烧饼

## ○ 汤品

风味钙骨汤

## ○ 其他

麻油拌豆芽 / 苹果

## ○ 主要食材

面粉 300 克，白芝麻 20 克，花椒粉 5 克，麻酱 15 克，鸡蛋 1 个，黄豆芽 250 克，洋葱、红椒各 30 克，排骨 300 克，海带 150 克，黄豆 100 克，菜心 200 克，苹果 300 克

## ○ 营养解密

面粉为常用主食，富含碳水化合物，为身体提供充足的热量。大骨头富含骨髓，骨胶原蛋白，是煲汤的最优质骨头。黄豆芽营养丰富，能够为人体提供丰富蛋白质和维生素，常吃黄豆芽对青少年生长发育、预防贫血等大有好处，还有健脑、抗疲劳作用。排骨含有丰富的蛋白质、脂肪、维生素、钙等营养素，具有补充骨胶原，增强骨骼造血能力的功效。海带具有辅助降血脂、降血糖的功效，常食对身体有益。

## ○ 暖心配餐

苹果提前买好，早餐时洗净即可食用。

## 麻油拌豆芽

### ○ 材料

黄豆芽 250 克，洋葱、红椒各 30 克，麻油、香醋、盐、鸡精、白糖各适量

### ○ 做法

① 黄豆芽择洗干净，沥干水分；洋葱、红椒均洗净，切丝。

② 汤锅加入适量水，大火烧开，投入洗好的豆芽，烫熟，捞出沥干水分。

③ 把豆芽、红椒丝、洋葱丝一同放入碗中，加麻油、香醋、盐、鸡精、白糖拌匀即可。

## 芝麻烧饼

### ○ 材料

面粉 300 克，白芝麻 20 克，花椒粉 5 克，麻酱 15 克，鸡蛋 1 个，盐适量

### ○ 做法

① 将面粉中加入盐、花椒粉和温水搅拌均匀，用手揉成软面团，放在温暖处饧发 10 分钟。

② 将饧好的面团反复揉至表面光滑，然后用擀面杖把面团擀成 3 毫米厚的 1 大面片，把芝麻酱用刷子刷在面皮上，再把面片从一端卷起来，卷成一个面筒。

③ 把卷好的圆筒切成 5 厘米的小剂儿，取一个小剂儿把两边切口向下翻转，在底部包住。

④ 把处理好的小剂儿用手搓圆，压扁后码入烤盘，刷上蛋液，撒上白芝麻。

⑤ 烤箱预热至 210℃，烘烤 20 分钟至表面金黄酥脆即可，取出晾凉，放入冰箱，备用。

⑥ 早上，取烧饼，用微波炉加热 2 分钟即可。

### ○ 小知识

撒芝麻前一定要刷一层薄薄的蛋液，否则烤完之后芝麻很容易掉落。

# 海带黄豆排骨汤

**材料**

排骨 300 克，海带 150 克，黄豆 100 克，姜、盐、味精各适量

**做法**

① 洗净剁好的排骨，泡入凉水中，期间换几次水，把排骨中的血水泡出。

② 海带洗净，沥干水分，切粗丝；黄豆挑选干净，用清水洗净；姜洗净，切片。

③ 将排骨放入沸水中汆烫 5 分钟，捞出清洗干净，与海带、黄豆一同放入电炖锅中，加适量清水，加入姜片，启动电源，预约时间。

④ 早上，待排骨炖烂后，放盐、味精调味即可。

**小知识**

黄豆提前浸泡，煮出来的汤味更香。

02

# 给生活加点料
# 甜蜜浪漫西式早餐

## 比萨里藏不住的爱

比萨在烤箱里的感觉最让人觉得美妙，面饼在高温下一点点膨胀起来，如同会呼吸一样，慢慢变成焦黄色，芝士香味也迫不及待地浓郁起来，诱惑力满分。

**主食** 菠萝培根芝士比萨
**饮品** 纯牛奶
**其他** 菠萝

### 主要食材

高筋面粉 100 克，酵母 2 克，黄油 10 克，芝士 80 克，培根 3 片，菠萝半个，牛奶 400 毫升

### 营养解密

芝士含有丰富的蛋白质、钙、脂肪、磷和维生素等营养成分，能增进人体抵抗疾病的能力，促进代谢，增强活力，保护眼睛健康并保护肌肤健美。培根中磷、钾、钠的含量丰富，还含有脂肪、胆固醇、碳水化合物等元素，具有健脾、开胃、祛寒、消食等主要功效。菠萝含有大量的果糖、葡萄糖、维生素 A、B 族维生素、维生素 C、磷、柠檬酸和蛋白酶等成分，味甘性温，具有解暑止渴、消食止泻之功效。

### 暖心配餐

① 牛奶提前买好，放入冰箱。

② 制作比萨剩余的菠萝可作为配餐。

纯牛奶
菠萝

## 菠萝培根芝士比萨

**材料**

高筋面粉 100 克，酵母 2 克，牛奶 50 毫升，黄油 10 克，芝士 80 克，培根 3 片，菠萝半个，盐、白糖、番茄酱各适量

**做法**

① 将酵母放于少量牛奶中融化，倒入面粉中，用筷子搅拌均匀。再一点点倒入余下的牛奶，加入盐、白糖和成光滑面团，加入黄油揉匀。而后将面团放在温暖处，发酵至两倍大。

② 将培根切成条状。菠萝切小块，放进烤箱烤 5 分钟去除多余水分，取出备用。

③ 将发好的面团排气揉匀，擀成薄饼状，放入比萨盘中，用叉子在饼上扎些小洞，防止面皮烤时膨胀。

④ 用刷子将番茄酱刷在饼皮上，再依次撒上一层马苏里拉芝士、培根和菠萝。

⑤ 烤箱预热 190 度，放进铺好内容的饼皮，烤大约 10 分钟，中途再放一层芝士，继续烤 15 分钟左右即可，晾凉，低温保存，备用。

⑥ 早上，放入预热好的烤箱复烤 5 分钟即可。

**小知识**

因为用的是高筋面粉，和面的时候会比较辛苦，可以适量加点低筋面粉。另外，如果时间有限，也可以买已经做好的饼皮。

少女情怀总是诗，抹茶淡绿又微苦，草莓鲜红又酸甜，而南瓜汤里盛满了浓情蜜意，这些都是藏在早餐里的小鹿，在清晨里乱撞，稍不注意，赧然的笑容就爬上嘴角了。

**主食** 抹茶草莓卷
**饮品** 南瓜浓汤
**饮品** 菠萝

**○ 主要食材**

鸡蛋 4 个，玉米油 50 克，抹茶粉 8 克，低筋粉 70 克，淡奶油 150 克，南瓜 200 克，糯米 50 克，草莓、菠萝各适量

**○ 营养解密**

抹茶粉含有丰富的人体所必需的营养成分和微量元素，能清除机体内过多的有害自由基，对增强机体免疫力、抗衰老都有显著效果。草莓含有果糖、蔗糖、柠檬酸、苹果酸、氨基酸以及钙、磷、铁等矿物质，具有明目养肝、润肺生津、健脾、消暑、解热、利尿、止渴的功效。南瓜含有淀粉、蛋白质、胡萝卜素、B 族维生素、维生素 C 和钙、磷等成分，具有补中益气、消炎止痛、解毒杀虫等功能。

**○ 暖心配餐**

菠萝提前买好，去皮盐水浸泡半小时，捞出，切好装盘即可。

## 抹茶草莓卷

### ○ 材料

鸡蛋 4 个，玉米油 50 克，抹茶粉 8 克，温水 100 克，细砂糖 60 克，低筋粉 70 克，淡奶油 150 克，草莓适量，柠檬汁适量

### ○ 做法

① 蛋黄跟蛋白分离。抹茶粉加温水 100 克调匀。

② 将蛋黄和玉米油搅拌均匀，倒入调匀的抹茶粉，筛入低筋粉继续搅拌成蛋黄糊。

③ 蛋清中加入少量柠檬汁，用打蛋器低速打发成粗泡，分三次加细砂糖打至湿性，提起打蛋器后蛋清呈弯勾状态。

④ 取出三分之一的蛋清，以井字型切拌手法与蛋黄糊混合，再倒回剩余三分之二的蛋清中，快速搅拌均匀。

⑤ 将蛋糕糊倒入铺有油纸的烤盘中，用刮板抹平表面，入预热 180℃的烤箱中层，上下火 20 分钟出炉，出炉后立刻倒扣在一张油纸上，揭下底部油纸晾凉。

⑥ 打发淡奶油，在蛋糕上抹平，摆放一排草莓，轻轻卷起，稍稍用力握紧，直至卷成卷。

⑦ 裱上装饰奶油和草莓，切片后低温保存，早上取出恢复常温即可食用。

## 南瓜浓汤

**材料**

南瓜 200 克，糯米 50 克，炼乳适量

**做法**

① 南瓜去皮切碎。糯米提前泡 30 分钟。

② 把切好的南瓜和泡好的糯米一起放入果汁机，加入适量的水，启动电源。

③ 榨好汁后过滤，再加入炼乳即可。

# 牛排和芦笋的真性情

牛排在锅里吡啦吡啦的响，外焦里嫩，吃进嘴里时，浓浓肉汁立即充盈唇间，配着清新的芦笋简直满足了吃货们从味蕾到饱腹的所有需求，爱的就是早晨这轻松自在的优雅格调。

**主食** 煎牛排
**饮品** 鲜橙汁
**其他** 煎芦笋

**○ 主要食材**

牛排 2 块，芦笋 200 克，橙子 4 个

**○ 营养解密**

牛排中所含的人体所需元素，是最多最高最丰富的，其中包括蛋白质、血质铁、维生素、锌、磷及多种氨基酸。有补中益气、滋养脾胃、强健筋骨、化痰息风、止渴止涎的功效。芦笋是一种高营养保健蔬菜，经常食用可缓解疲劳，降低血压，改善心血管功能，增进食欲，提高机体代谢能力，提高免疫力。

**○ 暖心配餐**

榨橙汁：

① 橙子去皮，切小块。

② 将切成小块的橙子放入果汁机，加入适量的水，启动电源打成橙汁即可。

# 黑椒牛排

**材料**

牛排 2 块，芦笋 200 克，橄榄油、黄油、盐、黑胡椒粉、小番茄各适量

**做法**

① 牛排洗净，沥干水分，用厨房纸把血水吸干净，用刀背捶捶牛排，让肉质更松软，撒上盐、黑胡椒粉，抹上油，腌制一小时；选用新鲜细嫩芦笋，洗净沥干备用。

② 平底锅烧热，放入牛排，每面煎 2 分钟左右盛出。

③ 平底锅再次加热，放入黄油，转小火，放入芦笋，煎至稍稍焦黄。

④ 将牛排和芦笋一起装盘，撒上适量盐和胡椒碎，放上小番茄点缀即可。

**小知识**

煎牛排的时候，记得一定要用小火，煎制的时间也不宜过长，不然会导致牛排肉质太老、口感不佳。

## 给你舌尖上的柔软爱恋

今日的餐桌上，仿佛吹来了一阵柔软的海风，仔细一瞧，原来是戚风蛋糕。它的外形朴素，口感却太惊艳，细密紧韧、柔软润滑，如抚摸雪纺绸缎般，不知不觉就在嘴里慢慢化开了……

**主食** 戚风蛋糕
**饮品** 牛奶
**其他** 水煮鹌鹑蛋 / 香煎芦笋香肠 / 橙子奇异果拼盘

### 主要食材

鸡蛋 3 个，玉米油 30 克，低筋粉 60 克，芦笋 200 克，香肠 4 根，鹌鹑蛋 8 个，牛奶 300 毫升，橙子、奇异果各适量

### 营养解密

鹌鹑蛋含蛋白质、脂肪、碳水化合物、多种维生素和钙、磷、铁等矿物质，还有丰富的卵磷脂和脑磷脂，是高级神经活动不可缺少的营养物质，具有健脑的作用。奇异果属低脂低热量水果，含有丰富的碳水化合物，维生素和微量元素，还有丰富的叶酸、膳食纤维等，可降低胆固醇、促进消化、降血脂、增强体质等。

### 暖心配餐

① 牛奶提前买好，放入冰箱，早餐时放入微波炉加热 1 分钟即可。

② 橙子、奇异果洗净去皮切片，摆盘即可。

水煮
鹌鹑蛋
香煎芦笋
香肠
牛奶
橙子奇异果
拼盘

# 戚风蛋糕

**材料**

鸡蛋 3 个，玉米油 30 克，低筋粉 60 克，细砂糖 45 克

**做法**

① 将蛋黄和蛋清分离，分别放入两个干净无水无油的容器中。低筋面粉过筛两遍，待用。

② 蛋黄用打蛋器打匀后依次加入 20 克细砂糖、适量玉米油和水，每加入一样都要搅拌均匀，低筋粉过筛后加入蛋黄糊里搅匀。

③ 用电动打蛋器把蛋清打出粗泡后分 2 次加入细砂糖，继续打至提起打蛋器时蛋清成直立小弯钩，硬性发泡完成。

④ 将三分之一的蛋白加到蛋黄糊中，翻拌均匀，再将蛋黄糊倒入剩余的蛋清中，用刮刀从中间抄底切拌均匀。

⑤ 入模时从稍高处倒入，消除大的气泡，烤箱预热，上火 190℃，下火 130℃，中下层烤 40 分钟左右，出炉后马上倒扣，完全放凉后脱模，置于冰箱低温保存。

⑥ 早上，取出自然恢复成常温即可食用。

## 香煎芦笋香肠

**材料**

芦笋 200 克，香肠 4 根，黄油、盐、胡椒碎各适量

**做法**

① 芦笋洗净沥干备用。

② 平底锅加热，放入黄油转小火，放入芦笋、香肠，煎至稍稍焦黄。

③ 装盘，撒上适量盐和胡椒碎即可。

## 水煮鹌鹑蛋

**材料**

鹌鹑蛋 8 个

**做法**

① 锅里注水，放入鹌鹑蛋，加盖开火。

② 水煮开以后关火，焖 5 分钟即可。

# 瓜果的百转千回

南瓜饼的香醇软糯，培根的热情洋溢，还有水果奶昔的甜甜蜜蜜，就像每日爱的呢喃，娓娓道来了早晨的迷人精致，使人充满能量，欢欣迎接即将到来的热闹和忙碌。

**主食** 南瓜饼
**饮品** 水果奶昔
**其他** 培根玉米粒荷兰豆

**○ 主要食材**

南瓜 250 克，糯米粉 250 克，牛奶 200 毫升，香蕉 1 根，培根 2 片，玉米粒、荷兰豆、蓝莓、山楂果各适量

**○ 营养解密**

南瓜含有淀粉、蛋白质、B 族维生素等成分，可以健脾，预防胃炎，防治夜盲症，护肝，使皮肤变得细嫩。玉米中的 B 族维生素成分，具有刺激胃肠蠕动的特性，可防治便秘、肠炎、肠癌等。荷兰豆含有丰富的膳食纤维，能益脾和胃、生津止渴、和中下气、止泻痢、通利小便。

# 南瓜饼

**材料**

南瓜 250 克，糯米粉 250 克，红豆沙、白糖、黄油、白芝麻各适量

**做法**

① 将南瓜去囊，切成大块，隔水蒸熟。

② 趁热将南瓜捣成泥，并加入黄油和糖。

③ 黄油和白糖全部融化后，在南瓜泥中分次加入糯米粉。

④ 将糯米粉和南瓜泥充分搅拌成面团，直到不粘手为止。

⑤ 将南瓜糯米面团分成若干个小剂子，用手将剂子按压成小面饼。

⑥ 将红豆沙包在面饼里，并按压成小饼，在两面粘上芝麻。

⑦ 用小火煎至两面金黄，晾凉，放入冰箱保存，备用。

⑧ 早上，取出南瓜饼复煎 3 分钟即可。

## 水果奶昔

**○ 材料**

牛奶 200 毫升，炼乳 30 克，香蕉 1 根，蓝莓、山楂果各适量

**○ 做法**

① 香蕉切小块，蓝莓、山楂果洗净备用。

② 将牛奶、炼乳和香蕉块放进搅拌机里。

③ 启动搅拌机，搅拌 1 分钟左右。

④ 倒出打好的奶昔，在上面放上蓝莓和山楂果即可。

## 培根玉米荷兰豆

**○ 材料**

培根 2 片，玉米粒、荷兰豆各少许

**○ 做法**

① 平底锅加热放油，放入培根，煎至稍稍焦黄。

② 小锅放水烧开，放入玉米粒、荷兰豆煮熟，加入一点盐调味。

# 裹着牛油果吃意面

意面被那如天然乳脂一般顺滑浓厚的牛油果包裹着，还有味道极为鲜美的虾仁在其中蛰伏，配上鲜榨的胡萝卜汁，细细品来，幸福的滋味就在这里。

**主食** 牛油果虾仁意面
**饮品** 鲜榨胡萝卜汁
**其他** 杨梅 / 小苹果

### ○ 主要食材

牛油果 1 个，意面 200 克，全脂牛奶 250 毫升，芝士碎 50 克，鲜虾 400 克，胡萝卜 1 根，杨梅、苹果各适量

### ○ 营养解密

意面的主要营养成分有蛋白质、碳水化合物等，有改善贫血，增强免疫力、平衡营养吸收等功效。牛油果富含各类维生素、矿物质、健康脂肪和植物化学物质，可以降低胆固醇、美容护肤、预防婴儿血管畸形、保护消化系统等。杨梅含有多种有机酸，维生素 C 的含量也十分丰富，可助消化增食欲、收敛消炎止泻、祛暑生津等。

### ○ 暖心配餐

杨梅、苹果提前购买，早餐时洗净即可。

## 牛油果虾仁意面

**○ 材料**

牛油果 1 个，意面 200 克，全脂牛奶 250 毫升，芝士碎 50 克，鲜虾 400 克，大蒜 4 瓣，橄榄油、盐、胡椒各适量

**○ 做法**

① 蒜瓣去皮拍碎。鲜虾煮熟掐掉头剥皮去掉脊背黑线切小块备用。牛油果对半切开用勺将果肉挖出碾成泥。

② 锅里放水烧开，加少许盐，放入意面煮 10 ~ 15 分钟，软硬视个人口味调整，煮好盛出晾凉。

③ 热锅倒入橄榄油，放入蒜瓣煸香，表面微微发黄即可。

④ 倒入牛油果、牛奶、芝士碎，小火搅拌炖煮熬成浓汁，加入意面，搅拌均匀。

⑤ 放入虾仁，撒上盐和胡椒，搅拌均匀，关火摆盘即可。

# 鲜榨胡萝卜汁

**材料**

胡萝卜 1 根

**做法**

① 胡萝卜洗净，切小块。

② 将胡萝卜块放入果汁机，加适量水，打成汁即可。

## 追求爱与自由的浓郁

你对生活温柔一点，它会感受到，也会给予你回馈。用勺子挖一口咕咕霍夫蛋糕放入口中，瞬间即化，软绵顺滑，轻盈甜腻中透着一股淡香，似乎昭示着，欢愉就在前方。

**主食** 迷你咕咕霍夫蛋糕
**饮品** 牛奶
**其他** 香煎秋葵香肠、橙子樱桃拼盘

### ○ 主要食材

低筋面粉 100 克，黄油 5 克，鸡蛋 2 个，泡打粉 3 克，香肠 2 根，秋葵 3 个，牛奶 250 毫升，橙子、樱桃各适量

### ○ 营养解密

面粉的主要营养物质是淀粉，可提供人体所需的热量。秋葵含有蛋白质、脂肪、碳水化合物及丰富的维生素 A、B 族维生素、钙、磷、锌和硒等营养元素，能增强人体免疫力，保护肝脏，补肾，去疲劳等。橙子富含糖类、维生素，能够起到美容养颜、开胃健脾、促进新陈代谢的作用。樱桃营养丰富，可防治缺铁性贫血，又可增强体质，健脑益智。

### ○ 暖心配餐

① 牛奶提前买好，放入冰箱。

② 橙子、樱桃提前买好，早餐时樱桃洗净，橙子去皮切片，摆盘。

## 迷你咕咕霍夫蛋糕

**○ 材料**

低筋面粉 100 克，黄油 5 克，鸡蛋 2 个，白糖 20 克，泡打粉 3 克，橄榄油适量

**○ 做法**

① 低筋面粉过筛待用；黄油处于室温软化；鸡蛋磕入碗中，打散成蛋液。

② 将软化的黄油用电动打蛋器稍打发，加入白糖打至溶化。

③ 加入蛋液搅拌均匀，而后倒入低筋面粉和泡打粉，继续搅拌成面糊。

④ 拿出模具，抹上油，倒入搅拌好的面糊。

⑤ 放入预热好的烤箱，上火 180℃，下火 150℃，烤 25 分钟左右，晾凉，放入冰箱。

⑥ 早上，取出置于常温下片刻即可食用。

## 秋葵香肠

**○ 材料**

香肠 2 根，秋葵 3 个，橄榄油、酱油、圆辣椒、大蒜各适量

**○ 做法**

① 秋葵洗净；圆辣椒洗净，切碎；大蒜洗净，拍扁切碎。

② 平底锅入橄榄油烧热，转小火，放入香肠和秋葵，慢煎至熟。

③ 盛起装碟，放上适量辣椒碎和大蒜碎末，淋上少许酱油即可。

## 吐司和烤翅在说情话

吐司和鸡翅在烤制中散发出诱人的香味，辘辘饥肠每分钟都在“咕咕”作响，我三不五时地踮起脚尖看看，忽而诧异，怎么连这焦急的等待都变得格外幸福？

**主食** 烤布丁吐司
**饮品** 柠檬蜂蜜水
**其他** 烫秋葵 / 芒果 / 新奥尔良烤翅

### ○ 主要食材

吐司3片，鸡蛋2个，黄油20克，牛奶120克，淡奶油120克，鸡翅7个，秋葵100克，柠檬2片，蜂蜜适量，芒果2个

### ○ 营养解密

吐司含有蛋白质、脂肪、碳水化合物、少量维生素及钙、钾、镁、锌等矿物质，易于消化。鸡翅有温中益气、补精添髓、强腰健胃等功效，且胶原蛋白含量丰富，对于保持皮肤光泽、增强皮肤弹性均有好处。秋葵含有果胶、牛乳聚糖等，具有帮助消化、治疗胃炎和胃溃疡、保护皮肤和胃黏膜之功效，被誉为人类最佳的保健蔬菜之一。

### ○ 暖心配餐

① 柠檬、蜂蜜提前购买，早餐时温水冲泡。

② 芒果提前购买，早餐时洗净去皮切丁。

柠檬
蜂蜜水
新奥尔良
烤翅

# 烤布丁吐司

**材料**

吐司 3 片，鸡蛋 2 个，黄油 20 克，牛奶 120 克，淡奶油 120 克，白糖 25 克，肉桂粉、糖粉、提子干、杏仁片各适量

**做法**

① 在吐司片一面抹上软化的黄油，放入烤箱中层，调至 180℃，烤 5 分钟至金黄，切成小方块备用。鸡蛋打入碗中，搅拌待用。

② 取出容器，倒入淡奶油和牛奶，在微波炉稍加热，加入白糖拌至糖化，再倒入蛋液搅拌成蛋奶液。

③ 将吐司块摆入烤盘，淋上蛋奶液，筛上适量肉桂粉，撒上提子干。

④ 烤箱 200℃预热，将烤盘置入中层，烤 25 分钟左右，出炉后筛上糖粉，撒上杏仁片即可。

**小知识**

做这款布丁的吐司请选用白吐司或原味吐司。

## 新奥尔良烤翅

**○ 材料**

鸡翅 7 个，新奥尔良烤肉料、橄榄油、蜂蜜各适量

**○ 做法**

① 鸡翅去血水，用牙签在鸡肉上扎几个小洞，以便腌制更入味。

② 取大碗，放入烤肉料，并加入橄榄油混合调开，放入鸡翅，均匀搅拌，腌制一夜，备用。

③ 烤盘铺上一层锡纸，摆上腌制后的鸡翅，并用刷子在鸡翅上刷剩余的烤肉料和蜂蜜。

④ 烤箱 200℃预热，将烤盘放入预热后的烤箱，烤 10 分钟左右，取出重新刷一次烤肉料和蜂蜜，放入继续烤 5 分钟即可。

## 烫秋葵

**○ 材料**

秋葵 100 克

**○ 做法**

① 锅加入适量清水烧沸。

② 滴入几滴食用油和食盐，放入秋葵，焯 3 分钟即可。

# 田园风味的画卷

当金枪鱼面包遇上芦笋培根，会碰撞出什么呢？也许就是平淡日子里的小确幸，既没有浓墨重彩，也没有随意敷衍，就这样刚刚好，别有一番田园风味。

**主食** 金枪鱼面包
**饮品** 自制酸梅汤
**其他** 芦笋培根卷 / 凉拌黄瓜 / 杏子

### ○ 主要食材

高筋粉 225 克，低筋粉 25 克，奶粉 10 克，蛋液 25 克，黄油 20 克，黄瓜 2 根，金枪鱼、奶酪丝各适量，芦笋 8 根，培根 4 片，蜂蜜、柠檬片和话梅各适量

### ○ 营养解密

金枪鱼肉含有优质的蛋白质和其他营养素，可以平衡身体所需要的营养，强化肝脏功能，防止动脉硬化，有效降低胆固醇含量等。芦笋是一种高营养保健蔬菜，有缓解疲劳、降低血压、改善心血管功能、增进食欲、提高免疫力等功效。杏子脂肪量少，含有磷、铁、钾、钙等多种矿物质，具有润肺、止渴、清热、解毒等功效。

### ○ 暖心配餐

杏子提前购买，放入冰箱，早餐时洗净即可。

## 金枪鱼面包

### ○ 材料

高筋粉 225 克，低筋粉 25 克，奶粉 10 克，蛋液 25 克，白糖 30 克，盐 3 克，酵母 3 克，黄油 20 克，黄瓜 1 根，金枪鱼、奶酪丝各适量

### ○ 做法

① 把高筋粉、低筋粉、奶粉、蛋液、白糖、盐、酵母和水放进面包机揉面，揉成光滑面团后再加入黄油手揉，直至揉成能拉出稍具透明薄膜状的面团。

② 将揉好的面团置于温暖处发酵至 2 倍大。

③ 黄瓜去皮切小粒，和金枪鱼混合搅拌均匀成内馅。

④ 将发好的面团分成 4 份，擀成圆形，包入内馅和奶酪丝，捏紧收口处，再次发酵 45 分钟至 2 倍大。

⑤ 烤箱预热，上火 200℃，下火 145℃，将面团放入烤箱中下层，烤大约 40 分钟，取出晾凉，常温保存，备用。

⑥ 早上，可直接食用。

## 芦笋培根卷

### ○ 材料

芦笋 8 根，培根 4 片，食盐、色拉油、植物油各适量

### ○ 做法

① 芦笋去除老皮，洗净，切段。准备 4 片培根，切成 8 份待用。

② 锅内放水，加少许食盐和色拉油，煮沸后将芦笋放入焯水，30 秒后迅速捞出，过凉水待用。

③ 2 段芦笋搭配半片培根，卷起来，用牙签固定。

④ 平底锅放植物油烧热，放入培根卷，小火两面煎熟，装盘即可。

### ○ 小知识

培根自带咸味，芦笋在焯水时也加入了少许食盐，因此后续无须加盐。

## 凉拌黄瓜

### ○ 材料

黄瓜 1 根，蒜末、白醋、白糖、食盐、香油、辣椒油、白芝麻各适量

### ○ 做法

① 黄瓜洗净去皮，切小块，放食盐、白醋腌制 20 分钟后倒掉多余水分。

② 加入蒜末、白糖、食盐、香油、辣椒油、白芝麻各适量，拌匀即可。

## 自制酸梅汤

### ○ 材料

蜂蜜、柠檬片和话梅各适量

### ○ 做法

① 装大半壶凉白开水，放入蜂蜜、柠檬片和话梅，搅拌均匀。

② 放入冰箱冷藏 1 小时即可。

# 焗饭与水果的意外相遇

厨房里被浓香奶酱覆盖着的海鲜 饭飘出诱人的香味，桌上酥酥的外皮包裹着甜糯的香蕉，先舀一勺浓浓的酸奶放进嘴里，还会有草莓的果粒留在口中，嚼起来果香十足，妙不可言，不知你是否会和我一样，吃着这份早餐的时候，编织过无数个有如蜜糖般的梦。

**○ 主食**

地中海海鲜焗饭

**○ 饮品**

草莓酸奶汁

**○ 其他**

脆皮香蕉

**○ 主要食材**

米饭 150 克，海虾 6 只，蟹柳、奶酪丝、奶油白汁酱、黄油各适量，香蕉 400 克，面粉适量，草莓 10 粒，酸奶 300 毫升

**○ 营养解密**

海虾营养丰富，具有开胃化痰、补气壮阳、益气通乳等功效，不过，虾为发物，人身上生疮或阴虚火旺时，不宜吃虾。香蕉除了能平稳血清素和褪黑素外，它还含有让肌肉具有松弛效果的镁元素，工作压力比较大的朋友可以多食用。酸奶中富含 B 族维生素和维生素 E 等营养物质，还含有蛋白质和维生素 A；草莓含有多种维生素、果胶和丰富的膳食纤维，对肠胃有调理作用；两者结合是一款非常健康的饮品。

## 草莓酸奶汁

**材料**

草莓 10 粒，酸奶 300 毫升

**做法**

① 将草莓放到盆中，用水冲洗干净，去蒂，将每粒草莓切成两半。

② 将大部分草莓倒入搅拌机中，加入酸奶，略微搅拌后，倒入杯中，再把剩余草莓放入即可。

## 地中海海鲜焗饭

**材料**

米饭 150 克，海虾 6 只，蟹柳、奶酪丝、食用油、食盐、胡椒粉、料酒、奶油白汁酱、黄油各适量

**做法**

① 海虾洗净；蟹柳洗净，切段。

② 将海虾、蟹柳一同放入加有食用油、食盐、胡椒粉、料酒的沸水锅中汆水后捞出。

③ 锅置火上，入黄油融化，倒入米饭炒散，调入食盐、胡椒粉炒匀后盛出。

④ 烤盘内刷一层黄油，放入炒过的米饭，把海鲜料码放在上面，放一层奶油白汁酱，再放上一层奶酪丝。

⑤ 将备好的材料放入烤箱内烤约 10 分钟后取出，即可。

## 脆皮香蕉

**材料**

香蕉 400 克，面粉适量，食用油 500 克，白糖、香油各适量

**做法**

① 将香蕉剥净表皮，切成寸段。

② 面粉用适量水调成面糊，滴入香油拌匀，再放入切好的香蕉段拌匀。

③ 锅中加入食用油烧热，将蘸好面糊的香蕉段依次放入锅中，炸至色泽金黄，捞出沥油，放入盘中，撒上白糖即可。

# 茶餐厅的头牌

看到了芝香浓郁的菠萝面包，奇异果与奶香交融的润口双皮奶，还有一份新鲜清爽的沙拉，我就知道，甜甜蜜蜜一定是今天早餐的主题。

○ **主食**

芝士菠萝包

○ **其他**

奇异果双皮奶 / 水果沙拉

○ **主要食材**

菠萝面包 3 个，芝士 3 片，蛋黄酱、芥菜籽各 15 克，苹果 300 克，圣女果 100 克，葡萄干 20 克，沙拉酱 20 克，全脂鲜奶 500 毫升，鸡蛋 3 个，奇异果 1 个

○ **营养解密**

菠萝面包富含碳水化合物，能够为人体提供足够的热量。芝士本身主要由蛋白质、脂类等营养成分组成，除同牛奶一样，含有丰富的钙、锌等矿物质及维生素 A 与维生素 $B_2$ 外，还因其是经过发酵作用制成而使这些养分更易被人体吸收。圣女果、苹果、葡萄干含有丰富的维生素和膳食纤维，对人体内的酸碱平衡和消化系统健康大有益处。

# 奇异果双皮奶

**材料**

全脂鲜奶 500 毫升，鸡蛋 3 个，奇异果 1 个，白砂糖适量

**做法**

① 奇异果去皮，切片；将全脂鲜奶倒入宽口的碗中，放入沸水蒸锅，蒸 5 分钟后关火。

② 静置 5 分钟后，牛奶上便会形成一层厚厚的奶皮。

③ 从碗边小心地将牛奶缓缓倒进另一只碗中，碗底留少许牛奶，以防奶皮粘在碗底。

④ 将蛋清倒入碗中，加入适量的白砂糖，用筷子将蛋清打散。将打散的蛋清倒入牛奶，朝一个方向搅匀后，用滤网将牛奶蛋清液过滤。

⑤ 沿着碗边将蛋奶液慢慢倒入碗中，待奶皮完全浮起盖上保鲜膜，放入蒸锅，开中大火，水开后蒸 12 分钟后关火，焖 5 分钟。

⑥ 晾凉，放入切好的奇异果，即可。

## 芝士菠萝包

**○ 材料**

菠萝面包 3 个，芝士 3 片，蛋黄酱、芥菜籽各 15 克

**○ 做法**

① 将菠萝面包放入微波炉中加热 30 秒。

② 将菠萝面包从中间切开，一面均匀地涂抹上蛋黄酱和芥菜籽，一面放上芝士，最后，将另一半菠萝面包盖在上面即可。

## 水果沙拉

**○ 材料**

苹果 300 克，圣女果 100 克，葡萄干 20 克，沙拉酱 20 克

**○ 做法**

① 苹果洗净，削皮，去核，切块；圣女果洗净，对半切开；葡萄干洗净，沥干水分。

② 将苹果装盘，浇上沙拉酱拌匀，然后放上圣女果、撒上葡萄干即可。

你的能量超乎你的想象

时针指向上午七时，薄薄的阳光溜进屋里，桌上的黑椒牛柳意面、鸡肉蘑菇汤和时蔬沙拉谱成了一曲和谐愉快的晨曲，高雅地演奏着。

**○ 主食**

黑椒牛柳炒意面

**○ 汤品**

鸡肉蘑菇汤

**○ 其他**

时蔬沙拉

**○ 主要食材**

牛里脊肉 200 克，意面 400 克，洋葱 50 克，葱 5 克，黑胡椒酱适量，鸡肉 150 克，白玉菇、蟹味菇各 100 克，圣女果 100 克，胡萝卜 50 克，紫甘蓝 80 克，生菜 150 克，沙拉酱 20 克

**○ 营养解密**

牛里脊肉蛋白质含量高，脂肪含量低，提高人体的抗病能力。鸡肉含有维生素 C、维生素 E 等，蛋白质的含量比例较高，种类多，而且易消化，很容易被人体吸收利用，有增强体力、强壮身体的作用。蘑菇营养丰富含有大量多糖和各种维生素，经常食用会改善人体的新陈代谢，降低胆固醇含量，对人体非常有益。圣女果、紫甘蓝、胡萝卜、生菜含有丰富的维生素和膳食纤维，对人体内的酸碱平衡和消化系统健康大有益处。

# 时蔬沙拉

**材料**

圣女果 100 克，胡萝卜 50 克，紫甘蓝 80 克，生菜 150 克，沙拉酱 20 克

**做法**

① 生菜、紫甘蓝均洗净，沥干水分，切丝；圣女果洗净，对半切开；胡萝卜洗净，切丝。

② 将备好的材料装盘，浇上沙拉酱拌匀即可。

## 黑椒牛柳炒意面

**○ 材料**

牛里脊肉200克，意面400克，洋葱50克，葱5克，生抽、生粉、蚝油、盐、黄油、鸡精、料酒、糖、黑胡椒粉、黑胡椒酱各适量

**○ 做法**

① 牛里脊肉洗净切成细长条，加适量料酒、生抽、生粉、黑胡椒粉、鸡精抓匀，放入冰箱，备用；意面煮熟，放凉水中浸泡透，放入冰箱，备用；洋葱洗净，切丝，备用。

② 从冰箱中取出煮熟的面条，用开水焯烫后捞出沥水，放入盘中，滴入少许油拌匀；葱洗净，切段。

③ 黄油下锅，烧至融化，下葱段爆香后再加洋葱丝炒至稍软，加入牛肉丝，炒至七成熟，加入意面，入黑胡椒酱，蚝油、糖调味，炒匀即可。

## 鸡肉蘑菇汤

**○ 材料**

鸡肉150克，白玉菇、蟹味菇各100克，盐、鸡精、香油各适量

**○ 做法**

① 将鸡肉洗净，斩块；白玉菇、蟹味菇去蒂洗净。

② 将鸡肉与白玉菇、蟹味菇一起放入电压力锅，加入适量水，启动电源，定时。

③ 起锅时，加入盐、鸡精、香油拌匀，即可。

03

# 上班族的福音
# 快手速成早餐搭配

# 香蕉、吐司和鸡蛋的华丽转身

第一次遇见它时，就惊喜着，普通的选材相逢，竟然可以如此讨喜，浓郁的香蕉吐司香味在唇齿间绽放，真是一种美好的享受。

主食　香蕉吐司面包
饮品　蜂蜜柚子茶
饮品　香葱鸡蛋卷 / 苹果

**○ 主要食材**

吐司片 2 片，香蕉 2 根，鸡蛋 2 个，蜂蜜柚子茶 5 克，苹果 2 个

**○ 营养解密**

香蕉营养高、热量低，又有丰富的蛋白质、糖、钾、维生素 A 和维生素 C，同时膳食纤维也多，可以补充能量、保护胃黏膜、降血压、润肠道等，但脾胃虚寒者要慎食。蜂蜜营养丰富，含有多种维生素、无机盐、微量元素等，具有滋养、润燥、解毒、美白养颜、润肠通便的功效。柚子清香、酸甜、凉润，营养丰富，柚子皮有化痰，止咳，理气，止痛的功效，柚子肉有健脾，止咳，解酒的功效。

**○ 暖心配餐**

① 蜂蜜柚子茶提前在超市购买，早餐时用温水冲泡。

② 苹果提前买好，早餐时洗净即可。

## 香蕉吐司面包

### 材料

吐司片2片，香蕉2根，蛋液、芝麻、橄榄油各适量

### 做法

① 吐司片去边角，用擀面棍尽量擀成长方形。选取体积较小的香蕉，去皮。准备少许蛋液。

② 把香蕉放在吐司片上，卷起，在结合的地方刷上蛋液粘紧，再将外表皮都刷一层蛋液，裹上一层芝麻。

③ 平底锅入橄榄油烧热，小火煎至表面略泛金黄即可。

## 香葱鸡蛋卷

### 材料

鸡蛋2个，香葱、食盐、植物油各适量

### 做法

① 鸡蛋打入碗内，搅拌均匀。香葱洗净切碎，倒入蛋液里，调入少许食盐。

② 平底锅放入少许植物油，小火加热，倒入蛋液，迅速转动锅子，使蛋液均匀分布。

③ 煎至蛋液表面完全凝固，用筷子把蛋饼卷起，切段摆盘即可。

这套早餐可以说是上班族最喜欢的早餐了，省时省力，营养充足还颜值满分，尤其是在忙碌的日子里，它总会格外受宠哦！

主食 煎蛋吐司
饮品 什锦酸奶杯

○ 主要食材

吐司 1 片，鸡蛋 1 个，生菜少许，酸奶 1 杯，草莓、蓝莓、谷物圈、核桃仁各适量

○ 营养解密

生菜中含有丰富的营养元素和膳食纤维，有钙、磷、钾、钠、镁及少量的铜、铁、锌，常吃生菜能改善胃肠功能，促进血液循环，促进脂肪和蛋白质的消化吸收。草莓营养丰富，且容易被人体消化、吸收，可补血益气、润肺生津、促进生长发育、美容护肤等。蓝莓富含果胶、花青素、维生素 C、膳食纤维等，不仅具有良好的营养保健作用，还具有软化血管、增强人机体免疫力等功能。

## 煎蛋吐司

### ○ 材料

吐司 1 片，鸡蛋 1 个，生菜少许，橄榄油、胡椒碎、果酱各适量

### ○ 做法

① 在平底锅倒入适量橄榄油，放上花型模具，在模具内打入一个鸡蛋。

② 小火慢煎至熟，脱模后撒上胡椒碎即可。

③ 取吐司片，一面抹上果酱，放上生菜和花型煎蛋即可。

## 什锦酸奶杯

### ○ 材料

酸奶 1 杯，草莓、蓝莓、谷物圈、核桃仁各适量

### ○ 做法

① 草莓浸泡盐水，洗净切瓣待用，蓝莓洗净。

② 准备 1 杯酸奶，摆上草莓、蓝莓、谷物圈、核桃仁即可。

# 有滋有味，面条控的最爱

热气腾腾的牛腩鸡蛋面，几乎是人人都喜爱的一碗面条，汤头浓郁，配料清爽，可以让人在略显寡淡的清晨胃口大开，干劲十足，一吃一大碗。

主食　牛腩鸡蛋面
饮品　蜂蜜柠檬茶
饮品　苹果

### 主要食材

牛腩 500 克，胡萝卜 1 根，柠檬 1 片，蜂蜜适量

### 营养解密

牛腩含有蛋白质、矿物质、B 族维生素等，可调节病后体虚，补血养血，强筋健骨等。胡萝卜可益肝明目、降糖降脂、增强免疫功能等。蜂蜜营养丰富，含有多种维生素、无机盐等，具有滋养、润燥、解毒、美白养颜、润肠通便的功效。柠檬中含有糖类、钙、磷、铁及维生素 B1、维生素 B2、维生素 C 等多种营养成分，可增加肠胃蠕动、抗菌消炎、生津解暑、开胃、预防心血管疾病等。

### 营养解密

苹果提前买好，早餐时洗净去皮切块即可。

## 牛腩鸡蛋面

### 材料

牛腩 500 克，胡萝卜 1 根，香葱 3 克，食用油、食盐、生姜、八角、红辣椒、桂皮、豆瓣酱、胡椒碎各适量

### 做法

① 牛腩切块，去血水；胡萝卜洗净切块；生姜洗净，切片；香葱洗净切成葱花。

② 锅里热油，放入姜片、八角、红辣椒、桂皮爆香，倒入豆瓣酱小火煸炒，放入牛腩继续翻炒。

③ 放入胡萝卜翻炒均匀，倒入温水，做牛肉面的汤汁。

④ 转高压锅，中小火炖煮 20 分钟，倒出放入碗中，盖上保鲜膜，放入冰箱，备用。

⑤ 平底锅入油烧热，转小火，放入花型模具，在模具里煎好鸡蛋，撒上少许食盐和胡椒碎。

⑥ 锅里坐水，烧开后放入面条，煮熟后捞入碗内，淋上煮好的萝卜牛腩汤汁，摆好鸡蛋，撒上葱花即可。

## 蜂蜜柠檬茶

### 材料

柠檬 1 片，蜂蜜适量

### 做法

① 准备一杯温水，放入蜂蜜搅拌均匀。

② 再放入一片柠檬即可。

# 恋上卷饼的小心思

卷饼是不错的早餐，做起来比较快速，吃起来爽口开胃，手动包裹卷起的制作过程充满了乐趣。

主食　黄瓜胡萝卜卷饼
饮品　牛奶
其他　圣女果

### 主要食材

面粉 250 克，鸡蛋 1 个，黄瓜 1 根，胡萝卜 1 个，韩国黄萝卜 1 个，生菜 100 克，牛奶 250 毫升，圣女果适量

### 营养解密

黄瓜富含蛋白质、糖类、维生素 B2、维生素 C、维生素 E、胡萝卜素、烟酸、钙、磷、铁等营养成分，可清热利水，解毒消肿，生津止渴等。胡萝卜含有丰富的蛋白质、木质素、胡萝卜素、维生素 C 和 B 族维生素，可益肝明目，降糖降脂，润肤抗衰老等。圣女果具有生津止渴，健胃消食，清热解毒，凉血平肝，补血养血和增进食欲的功效。

### 暖心配餐

① 牛奶提前买好，置入冰箱，早餐时放入微波炉加热 1 分钟即可。

② 圣女果提前买好，洗净即可食用。

## 黄瓜胡萝卜卷饼

**材料**

面粉 250 克，鸡蛋 1 个，黄瓜 1 根，胡萝卜 1 个，韩国黄萝卜 1 个，生菜 100 克，食盐、食用油、黄豆酱各适量

**做法**

① 将面粉装入大碗，打入鸡蛋，调入适量食盐，加水搅拌成流动的面糊。黄瓜、胡萝卜洗净切条。韩国黄萝卜切条。生菜洗净，手撕成小片。

② 平底锅入油烧热，转小火，倒入适量面糊，迅速转动锅子，使面糊均匀分布。

③ 等到面糊凝固时翻面，煎至两面稍带焦黄即可。

④ 在煎好的薄饼上涂抹适量黄豆酱，放上黄瓜条、胡萝卜条、黄萝卜条、生菜，卷起即可。

## 讨巧的『小可爱』

色彩斑斓的芝士饭团，看起来模样可爱，吃起来香浓美味，令人爱不释手。

主食　紫菜芝士饭团
饮品　牛奶谷物杯
其他　雪梨

### 主要食材

米饭 200 克，胡萝卜粒、青椒粒、玉米粒各 30 克，黄油 5 克，牛奶 250 毫升，谷物圈适量，苹果 2 个

### 营养解密

紫菜营养丰富，富含胆碱和钙、铁等元素，含碘量也很高，具有化痰软坚、清热利水、补肾养心等功效。芝士是最好的补钙食品之一，能增进人体抵抗疾病的能力，促进代谢，增强活力，保护眼睛健康并保持肌肤健美等。牛奶富含蛋白质、脂肪、糖类、卵磷脂以及人体成长发育所需的全部氨基酸等，具有很高的营养价值和极佳的食疗保健功效。

### 暖心配餐

雪梨提前买好，洗净去皮切小块即可。

## 紫菜芝士饭团

### ○ 材料

米饭 200 克，胡萝卜粒、青椒粒、玉米粒各 30 克，黄油 5 克，食盐、芝士片、海苔碎各适量

### ○ 做法

① 将胡萝卜粒、青椒粒、玉米粒、黄油放入备好的米饭中，调入少许食盐，搅拌均匀。

② 戴上手套，将米饭揉成一个个 5 厘米左右的饭团，在每个饭团上放 1 片芝士。

③ 开启烤箱，180℃预热，将饭团摆入烤 8 分钟，取出后撒上适量海苔碎即可。

## 牛奶谷物杯

### ○ 材料

牛奶 250 毫升，谷物圈适量

### ○ 做法

① 准备一杯牛奶，放入微波炉加热 1 分钟。

② 取出后加入适量的谷物圈即可。

## 心有灵犀一点通

牛角面包总能轻而易举地在我们的心里占据一席之地，独有的烘焙芳香味道与红豆馅心此间相遇，回味无穷。

主食　红豆牛角面包
饮品　酸奶
其他　哈密瓜

○ 主要食材

高筋面粉 250 克，低筋面粉 50 克，鸡蛋 3 个，黄油 20 克，奶粉 30 克，酵母 3 克，红豆沙馅适量，空心菜梗 100 克，牛奶 250 毫升，哈密瓜适量

○ 营养解密

空心菜中膳食纤维含量极为丰富，并含有钾、氯等调节体液平衡的元素，可以降脂、减肥、防暑解热等。哈密瓜中含蛋白质、膳食纤维、胡萝卜素、果胶、糖类、维生素 A、B 族维生素、维生素 C、磷、钠、钾等，可补血、预防疾病、清凉消暑等。

○ 暖心配餐

① 酸奶提前买好，置入冰箱，早餐时拿出即可饮用。

② 哈密瓜提前备好，早餐时去皮切小块。

酸奶
哈密瓜

## 红豆牛角面包

### ○ 材料

高筋面粉 250 克，低筋面粉 50 克，鸡蛋 2 个，黄油 20 克，白糖 30 克，奶粉 30 克，酵母 3 克，红豆沙馅适量

### ○ 做法

① 将白糖、鸡蛋、水放入容器中，混合搅拌均匀，而后加入面粉、酵母、奶粉和成面团，揉至表面光滑。另取 1 个鸡蛋磕入碗中打散待用。

② 面团加入软化的黄油，再次揉至表面光滑。将揉好的面团置于温暖处发酵至 2 倍大。

③ 将面团擀成薄厚均匀的面片，切去边角成长方形，再分成若干个等腰三角形面片。在三角形面片上抹上红豆沙馅，再由三角形面片底边卷起，呈牛角状。

④ 将卷好的面包胚放入烤盘中，面包胚与面包胚之间要留出一定的间隔，盖上保鲜膜，进行最后发酵。

⑤ 发酵好的面包胚表面刷上蛋液。

⑥ 烤箱预热后，将烤盘移入烤箱，上火 160℃，下火 130℃，烘烤 15 分钟至表面上色，取出放凉后妥善保存。

⑦ 早上可直接食用。

## 空心菜梗炒鸡蛋

**材料**

空心菜梗 100 克，鸡蛋 1 个，大蒜 2 瓣，植物油、食盐各适量

**做法**

① 空心菜梗洗净切碎；鸡蛋磕入碗中打散；大蒜去皮拍扁切碎。

② 平底锅放植物油烧热，转小火，倒入蛋液，煎成蛋饼后用锅铲切碎，盛出备用。

③ 平底锅再次入油烧热，放入大蒜煸出香味，加入空心菜梗翻炒片刻，再加入备用的鸡蛋继续翻炒。

④ 起锅前调入少许食盐即可。

**小知识**

空心菜应挑选外表颜色嫩绿，拿上手感觉有重量，水分充足而且比较柔软的。

大米和皮蛋全都熬得绵烂，质地黏稠，口感顺滑，配上酸酸辣辣的开胃木耳，一种踏实的幸福感，就如这股绵绵的鲜香味，溜过舌头，来到心头。

### ○ 主食

皮蛋瘦肉粥

### ○ 其他

凉拌酸辣木耳 / 丰水梨

### ○ 主要食材

大米 150 克，瘦肉 150 克，皮蛋 2 个，黑木耳 100 克，红椒 10 克，香菜 1 根，丰水梨 350 克

### ○ 营养解密

大米为常用主食，富含碳水化合物，为身体提供充足的热量。皮蛋含矿物质、脂肪，能刺激消化器官、增进食欲、促进营养的消化吸收、中和胃酸，具有润肺、养阴止血、凉肠、止泻、降压之功效。黑木耳含有蛋白质、脂肪、碳水化合物和多种维生素与矿物质，具有滋补、润燥、养血益胃、润肺、润肠，对人体有清涤胃肠和消化纤维素的作用。丰水梨味美多汁，有润肺、止咳、降火功效，梨性偏寒，多吃会伤脾胃，故脾胃虚寒、畏冷食者应少吃。

### ○ 暖心配餐

丰水梨提前买好，洗净去皮即可食用。

## 凉拌酸辣木耳

**材料**

黑木耳 100 克，红椒 10 克，香菜 1 根，盐、醋、香油各适量

**做法**

① 黑木耳泡发，洗净；香菜洗净，切段；红椒洗净，切丝，备用。

② 汤锅烧水，待水开后将黑木耳投入焯熟，捞出沥干水分与香菜、红椒丝一起装盘，加入盐、醋、香油拌匀即可。

## 皮蛋瘦肉粥

**材料**

大米 150 克，瘦肉 150 克，皮蛋 2 个，淀粉、盐各适量

**做法**

① 将大米洗净后，放入水中浸泡 30 分钟后沥水倒入电压力锅中，加入适量的水，启动电源，预约时间。

② 瘦猪肉浸泡出血水后，再冲洗干净切成肉丝，放入适量的盐、淀粉，与肉拌均匀后腌渍放入冰箱，备用。

③ 早上，皮蛋剥壳，切成小块；取汤锅烧开水，把腌好的肉丝煮至颜色变浅。

④ 粥熬好后，放入肉丝、皮蛋和适量的盐，再煮 1 分钟即可。

# 在清晨卖萌的小家伙

一颗颗圆圆软软的糯米糍，清香浓郁，甜而不腻，带着椰蓉的香味，丝丝入扣，用最醇久深厚的柔情，造就最美好的味道，每一口甜蜜的背后，都蕴藏着对生活的慧心巧思。

主食　椰蓉糯米糍
饮品　新鲜木瓜牛奶

**○ 主要食材**

水磨糯米粉 150 克，澄粉 40 克，红豆沙、椰蓉各适量，牛奶 500 毫升，新鲜木瓜 100 克

**○ 营养解密**

糯米含有蛋白质、脂肪、糖类、钙、磷、铁、B 族维生素及淀粉等，为滋补佳品。椰蓉是椰丝和椰粉的混合物，含有糖类、脂肪、蛋白质、B 族维生素、维生素 C 及钾、镁等营养成分，具有补益脾胃、驻颜美容之功效。木瓜含有丰富的木瓜酶，蛋白酶，维生素 C 及钙、磷等矿物质，营养丰富，具有预防高血压、肾炎、便秘，助消化，促进新陈代谢，抗衰老，美容护肤养颜的功效。

## 椰蓉糯米糍

○ **材料**

水磨糯米粉 150 克，澄粉 40 克，色拉油 25 克，牛奶 250 毫升，红豆沙、椰蓉各适量

○ **做法**

① 将糯米粉、澄粉混合，加入色拉油和牛奶搅拌成可流动性的糊状。

② 放入蒸锅，大火蒸 15 分钟后取出冷却。

③ 冷却后切小块，搓成汤圆状，压扁包入红豆沙馅，再捏圆，均匀粘上椰蓉，备用。

④ 早上，可直接食用。

## 新鲜木瓜牛奶

○ **材料**

新鲜木瓜 100 克，牛奶 250 毫升

○ **做法**

① 新鲜木瓜洗净去皮切粒。

② 准备一杯牛奶，将木瓜粒放入即可。

# 公仔面是美好的日常

这无疑是懒人也能轻松做出的极致美味早餐，食材简单，做法不难，却几乎是人见人爱的一碗面条，牛肉被煮得香软，汤汁浓郁，热乎乎的，一大碗下肚，那种酣畅淋漓的滋味，是最舒服的。

### ○ 主食

牛肉公仔面

### ○ 饮品

牛奶

### ○ 其他

香蕉

### ○ 主要食材

牛肉 500 克，公仔面 450 克，青菜 100 克，香料包 1 个，牛奶 750 毫升，香蕉 500 克

### ○ 营养解密

面条富含碳水化合物，能为人体提供充足的热量。牛肉蛋白质含量高，脂肪含量低，可提高人体的抗病能力。青菜中含多种营养素，富含维生素 C 和膳食纤维，能促进肠道蠕动，加速肠道垃圾代谢。牛奶中含有的钙容易被吸收，肠胃功能比较弱的人不宜大量饮用。香蕉是淀粉质丰富的有益水果。其含钾量丰富，可平衡钠的不良作用，对治疗高血压有一定作用。香蕉可促进肠胃蠕动，改善便秘。

# 牛肉公仔面

**材料**

牛肉 500 克，公仔面 450 克，青菜 100 克，香料包 1 个，葱花、盐、生抽、胡椒粉各适量

**做法**

① 牛肉洗净，漂去血水，与香料一起放入电压力锅中，加入适量清水，启动电源，预约时间。

② 早上，将熟牛肉切小块；小油菜洗净，备用。

③ 将牛肉汤倒入汤锅内烧开，下公仔面煮熟。

④ 加入小油菜烫熟，再加盐、生抽、胡椒粉调味。

⑤ 把煮好的公仔面盛入碗中，码上切好的牛肉，放上小油菜即可。

## 珍惜食物的原味

吃着今天的早餐，就像是碰上了一个知己，温婉娴静，不喧不燥，让我们静静体会着这种简单本真的小滋味。

主食　快蒸地瓜 / 五谷杂粮粥
饮品　秋葵煎鸡蛋 / 苹果

### 主要食材

黄心地瓜 1 个，紫薯 1 个，秋葵 250 克，鸡蛋 2 个，赤小豆、薏米、花生、莲子、糯米各 50 克

### 营养解密

黄心地瓜可以清除体内自由基，提高机体的抗氧化能力，延缓衰老，还可提高我们自身的免疫力，预防眼睛干涩等。紫薯含有丰富的蛋白质、多种维生素、膳食纤维、硒元素和花青素等，可增强机体免疫力，清除自由基，改善消化道环境，防止胃肠道疾病的发生等。五谷杂粮粥能补中益气，滋阴润肺，健脾开胃。

### 暖心配餐

苹果提前购买，放入冰箱保鲜，早餐时洗净切成瓣即可。

## 快蒸地瓜

**材料**

黄心地瓜 1 个，紫薯 1 个

**做法**

① 准备 1 个黄心地瓜，1 个紫薯，去皮洗净，切块备用。

② 蒸锅里放水烧开，放入地瓜，大火蒸 5 分钟后转文火再蒸 10 分钟，捞起切片摆盘即可。

## 五谷杂粮粥

**材料**

赤小豆、薏米、花生、莲子、糯米各 50 克，白糖少许

**做法**

① 将赤小豆、薏米、花生、莲子、糯米洗净，放入电饭锅里，启动电源，预约时间。

② 早上，加入少许白糖，起锅即可。

# 秋葵煎鸡蛋

**材料**

秋葵 250 克，鸡蛋 2 个，食盐、橄榄油各适量

**做法**

① 秋葵洗净，切小片。鸡蛋打入碗中，调入少许食盐，搅拌均匀。

② 平底锅中放适量橄榄油，倒入秋葵翻炒。

③ 用锅铲将秋葵铺均匀，倒入蛋液，小火煎至两面稍稍焦黄即可。

**小知识**

秋葵尽量挑选个头较小，色彩均匀鲜亮的鲜嫩秋葵，太老的秋葵往往会变硬发涩，口感不好。

# 生活需要质朴的共鸣

今天的早晨没有饕餮大餐，平凡的食材也能带来自然纯粹的满足，葱花鸡蛋面飘着热气，还有简单清新的蒜炒豌豆苗，生活中最不可或缺的，也就是这种简简单单的幸福了。

## ○ 主食

葱花鸡蛋面

## ○ 饮品

鲜榨橙汁

## ○ 其他

蒜炒豌豆苗

## ○ 主要食材

面条 300 克，鸡蛋 2 个，葱花少许，浓汤宝 1 盒，豌豆苗 350 克，橙子 2 个

## ○ 营养解密

面条为常用主食，富含碳水化合物，为身体提供充足的热量。鸡蛋含有丰富的优质蛋白质和 DHA、卵磷脂等，对神经系统和身体发育有很大好处，一般人每天不超过两个。豌豆苗营养丰富，含有多种人体必需的氨基酸，能增强机体免疫功能。豆苗的嫩叶中富含维生素 C 和能分解体内亚硝胺的酶，可以分解亚硝胺。橙汁中含有大量维生素 C 和胡萝卜素，可以软化和保护血管，促进血液循环。

# 鲜榨橙汁

**材料**

橙子 2 个

**做法**

① 橙子去皮，切小块。

② 将切成块的橙子倒入果汁机中，加入适量凉饮用水，启动电源。

③ 做好后倒入杯中即可饮用。

## 葱花鸡蛋面

○ **材料**

面条 300 克，鸡蛋 2 个，葱花少许，浓汤宝 1 盒，盐、油各适量

○ **做法**

① 锅中入油烧热，磕入鸡蛋，煎至两面金黄，加入适量清水和浓汤宝煮开，盛入汤碗。

② 汤锅中加入适量清水，大火烧开，下面条煮熟，捞入汤碗中，撒上葱花即可。

## 蒜炒豌豆苗

○ **材料**

豌豆苗 350 克，干辣椒、大蒜、油、盐、味精各适量

○ **做法**

① 豌豆苗，洗净，沥干水分；大蒜洗净，切碎；干辣椒，洗净，切段。

② 锅中入油，烧热，下大蒜，干辣椒爆香，倒入豌豆苗翻炒，炒至豌豆苗断生，加入盐、味精调味即可。

04

# 一周不用动脑子
# 为你定制每日早餐

蛋包饭洋溢着动人光彩，流露出幸福的味道，还有紫菜汤那咸津津的鲜味与之相伴，这通常就是我周一的亲密伙伴，为我加油打气。

### 主食

蛋包饭

### 汤品

虾干紫菜汤

### 其他

西柚

### 主要食材

大米 100 克，鸡蛋 2 个，猪肉末 50 克，胡萝卜、彩椒各 30 克，紫菜 50 克，黄瓜 100 克，虾干 10 克，西柚 2 个

### 营养解密

紫菜的营养丰富，碘含量高，有助于保持身体健康，且具有化痰软坚、清热利水、补肾养心的功效。虾干中含有丰富的蛋白质和矿物质，尤其是钙的含量极为丰富，可以补充人体所需钙。黄瓜、西柚富含维生素和纤维素，对人体内的酸碱平衡和消化系统健康大有益处。

### 暖心配餐

西柚提前买好，早餐时剥好即可食用。

## 蛋包饭

○ **材料**

大米 100 克，鸡蛋 2 个，猪肉末 50 克，胡萝卜、彩椒各 30 克，盐、胡椒粉、料酒、生抽、番茄酱各适量

○ **做法**

① 鸡蛋磕入碗中，加盐搅匀；猪肉末，加料酒、盐腌渍；彩椒洗净，切碎粒；胡萝卜洗净，切碎；米饭提前预约煮好。

② 炒锅内入油烧热，入肉末稍炒后，加入胡萝卜碎、彩椒炒匀，再入米饭不停翻炒，调入盐、胡椒粉、生抽稍炒后，盛出。

③ 煎锅倒入适量油，烧热，倒入蛋液摊成蛋皮，盛出。

④ 将蛋皮铺入盘中，放上炒好的米饭，包好，用番茄酱在蛋皮上挤上花样造型即可。

## 虾干紫菜汤

○ **材料**

紫菜 50 克，黄瓜 100 克，虾干 10 克，料酒、盐、味精、香油各适量

○ **做法**

① 黄瓜洗净，切片；虾干用料酒浸软；紫菜撕碎，洗净。

② 锅里加入适量水，烧开，加虾干、黄瓜片，紫菜再次烧沸，撇去浮沫，加盐、味精调味，倒入大汤碗中，淋上香油，即可。

周二

## 熨贴人心的温柔

在忙不停歇的周二，温情治愈的山药小米粥一直是我的最爱，从舌尖到心脾都润润的，在不经意间流露出生活暖心的一面，简单而美好，这大概就是生活该有的样子。

### ○ 主食

山药小米粥

### ○ 其他

香菜豆腐皮 / 凉拌西红柿

### ○ 主要食材

小米 150 克，山药 100 克，油豆皮 200 克，香菜 30 克，西红柿 200 克

### ○ 营养解密

山药含丰富的淀粉糖化酶，有促进消化，改善脾胃功能的作用；山药还含有丰富的黏蛋白、皂苷、游离氨基酸、多酚氧化酶等物质，具有滋补作用。西红柿维生素含量丰富，还有独特抗氧化能力的番茄红素，能清除自由基，保护细胞。油豆皮含有多种矿物质，可补充钙质，防止因缺钙引起的骨质疏松，促进骨骼发育。

### ○ 暖心配餐

西红柿提前买好，放入冰箱冷藏，早餐时取出洗净切好，加入适量白糖搅拌即可。

## 山药小米粥

**材料**

小米 150 克，山药 100 克，枸杞子 10 克，白糖适量

**做法**

① 山药洗净，去皮，切块；枸杞子洗净。

② 小米洗净，与山药块、枸杞子放入电压力锅中，加适量清水，启动电源，预约时间。

③ 早上，加入白糖拌匀即可。

**小知识**

山药皮容易导致皮肤过敏，所以最好削完山药之后马上洗手。另外， 山药有收涩的作用，故大便燥结者不宜食用。

## 香菜豆腐皮

**材料**

油豆皮 200 克，香菜 30 克，红辣椒 20 克，辣椒油、盐、鸡精、生抽各适量

**做法**

① 油豆皮洗净，用清水泡发，切成块，下入沸水锅中烫至熟后，捞出沥水。

② 红辣椒洗净，切成碎、香菜洗净，切段。

③ 将油豆皮、红辣椒碎、香菜段放入器皿中，加盐、辣椒油、鸡精、生抽拌匀即可。

周三

# 吹来一抹小清新

今天的早餐清新柔和，美得就像一个浅眠的梦，菠菜在面包里，芒果在杯子里，乐趣在寻常日子里。

**主食** 菠菜面包
**饮品** 芒果汁
**其他** 脆皮肠苦苣沙拉

## 主要食材

高筋面粉 200，黄油 25 克，酵母 5 克，菠菜榨汁 130 克，白芝麻适量，苦苣 50 克，脆皮肠 3 根，鸡蛋 1 个，圣女果 50 克，熟芒果 2 个

## 营养解密

菠菜含有丰富维生素 C、胡萝卜素、蛋白质，以及铁、钙、磷等矿物质，可通肠导便，促进生长发育和新陈代谢等。苦苣中含有蛋白质，膳食纤维，以及钙、磷、锌、铜、铁、锰等元素，可防贫血、清热消暑、杀菌消炎、促进人体的生长发育等。芒果果实中含有丰富的糖、蛋白质、膳食纤维，可美化肌肤，预防高血压、动脉硬化，降低胆固醇，抗菌消炎，防治便秘等。

# 菠菜面包

**材料**

高筋面粉 200，黄油 25 克，酵母 5 克，食盐 2 克，白糖 20 克，菠菜榨汁 130 克，白芝麻适量

**做法**

① 将高筋面粉、酵母、食盐、白糖、菠菜榨汁放入面包机揉成面团，再加入黄油搅拌至面团可拉开成膜且不易破。

② 将面团放进烤箱，开启发酵功能，发酵至 2 倍大 。

③ 取出发酵好的面团，排去大部分空气，分割成 4 个小面团，并一一滚圆，蒙上保鲜膜松弛 10 分钟左右。

④ 将松弛好的面团整形成圆形放入烤盘，置于温暖处再次发酵至 2 倍大，在面团上撒适量白芝麻。

⑤ 烤箱预热，上火 180℃，下火 160℃，烤盘置于烤箱中下层，烤 25 分钟，取出放凉，置于低温处保存。

⑥ 早上，可直接食用。

## 脆皮肠苦苣沙拉

### ○ 材料

苦苣 50 克，脆皮肠 3 根，鸡蛋 1 个，圣女果 50 克，沙拉酱适量

### ○ 做法

① 苦苣洗净撕碎。圣女果洗净，对半切开。

② 锅中放水，放入鸡蛋，烧开后转小火煮 5 分钟，凉却后取出剥壳对半切开。

③ 平底锅小火烧热，放入脆皮肠，煎至略带焦黄。

④ 将苦苣、圣女果、脆皮肠、鸡蛋一同放入盘中，淋上沙拉酱，搅拌均匀即可。

## 芒果汁

### ○ 材料

熟芒果 2 个

### ○ 做法

① 熟芒果去皮取肉，切小块。

② 将芒果肉放入果汁机内，加适量水，启动电源打成芒果汁即可。

周四

# 瓜果飘香的季节

木瓜酥告诉我们什么是酥脆，炒玉米告诉我们什么是甜蜜，生活未完待续，而今日瓜果飘香，再打个心满意足的饱嗝，足矣！

**○ 主食**

**木瓜酥**

**○ 其他**

**杏鲍菇炒甜玉米 / 圣女果**

**○ 主要食材**

熟木瓜 150 克，面粉 120 克，低面筋粉 100 克，玉米粒 150 克，杏鲍菇、胡萝卜、黄瓜各 30 克，圣女果 300 克

**○ 营养解密**

木瓜富含多种氨基酸及钙、铁等，还含有木瓜蛋白酶、番木瓜碱，可健脾消食，舒筋通络，补充营养，提高抗病能力等。面粉富含碳水化合物，为儿童身体生长发育提供充足的能量。玉米胚中富含亚油酸等多种不饱和脂肪酸，有保护脑血管和降血脂的作用，常吃玉米可健脑益智。

**○ 暖心配餐**

圣女果提前购买，早餐时洗净即可。

# 木瓜酥

**材料**

熟木瓜 1/2 个（约 150 克），面粉 120 克，低筋面粉 100 克，猪油、绵白糖各适量

**做法**

① 熟木瓜去掉果皮和籽，将果肉剁成木瓜果泥。

② 面粉中加入猪油、绵白糖、凉开水，揉成淡黄色面团，为油皮。

③ 低筋面粉中放猪油，凉开水揉成面团，为酥皮。

④ 将油皮与酥皮各分成同等大小的面团 5 个。将油皮压扁成面片，用一个油皮包住一个酥皮面团，然后将油皮面片收口，制成面团。

⑤ 将面团轻轻擀开成椭圆形状的面皮，用手轻轻将面皮卷起来，放入冰箱冷藏室中静置 15 分钟。

⑥ 取出面皮卷从中间切成两半，每一半摁一下，然后把面团擀开成面皮，中间包上木瓜果泥，制成木瓜酥。

⑦ 将包好的木瓜酥摆入烤盘移入烤箱中，将烤箱调至 200℃，烘烤 20 分钟，看到表面有小裂口，取出晾凉，放入冰箱，备用。

⑧ 早上，取出复烤 3 分钟即可。

**小知识**

猪油是制作这种酥皮点心必不可少的用料，它可以增加点心香酥的口感。

## 杏鲍菇炒甜玉米

### ○ 材料

玉米粒 150 克，杏鲍菇、胡萝卜、黄瓜各 30 克，食用油、盐、蚝油各适量

### ○ 做法

① 玉米粒洗净；杏鲍菇、黄瓜均洗净、切丁；胡萝卜去皮、洗净、切丁。

② 油锅烧热，下胡萝卜翻炒片刻，加入玉米粒翻炒 1 分钟。

③ 放入杏鲍菇，加一勺盐翻炒至杏鲍菇变软。

④ 下黄瓜，继续翻炒至黄瓜断生，入蚝油调味，大火翻炒均匀即可。

周五

# 踏踏实实的小日子

酱肉包在蒸笼里氤氲着浓浓的市井烟火气息，当季的南瓜苗新鲜诱人，也许它们很寻常，但是本真的生活就是这般简单，在疲惫、忙碌又略带兴奋的周五早晨里给人格外踏实的力量。

**○ 主食**

**酱肉包**

**○ 其他**

**清炒南瓜苗 / 哈密瓜**

**○ 主要食材**

面粉 250 克，猪肉 200 克，牛奶 150 毫升，酵母 3 克，南瓜苗 200 克，哈密瓜半个

**○ 营养解密**

猪肉含有丰富的蛋白质及脂肪、碳水化合物、钙、铁、磷等成分，其营养成分容易被人体吸收，是营养滋补之品。南瓜苗营养丰富，富含叶绿素及多种人体必需的氨基酸、矿物质和维生素等。常食之，对糖尿病、动脉硬化、消化道溃疡等多种疾病均有一定的疗效。

**○ 暖心配餐**

哈密瓜提前买好，早餐时洗净切好即可。

## 酱肉包

○ **材料**

面粉 250 克，猪肉 200 克，牛奶 150 克，酵母 3 克，葱 3 根，甜面酱、豆瓣酱、料酒、五香粉、姜末、老抽各适量

○ **做法**

① 将酵母溶于牛奶中，一边冲入面粉，一边用筷子拨散成絮状，揉成光滑面团，加盖保鲜膜，置于温暖处，发酵至约 2 倍大。
② 将甜面酱、豆瓣酱、料酒、水混合均匀，如果酱料较干，可再加适量水调匀。
③ 猪肉洗净切丁，葱洗净切碎。油锅烧至六成热，倒入调好的酱料，小火慢炸，轻轻翻炒至酱和油混合均匀，加入老抽、五香粉，拌匀后关火。
④ 将猪肉丁和葱花一起加入炒好的酱里，再加入姜末，朝一个方向搅匀，成馅料。
⑤ 取出面团，擀成中间略厚、边缘略薄的圆面皮，包入馅料，收褶，成包子。
⑥ 蒸锅内加足量水，将包子生坯码入铺垫好的笼屉内，加盖静置再次发酵，15 分钟后点火，水开上汽，中火蒸 20 分钟，关火，3 分钟后开盖，晾凉，放入冰箱。
⑦ 早上，取出复蒸 8 分钟即可。

○ **小知识**

和面的牛奶可以用水代替，但要稍减量。如果不喜欢浓郁的大葱味道，可在炒酱的时候先将葱炸出香味，再加酱料。酱料已具备充足的盐味，无须再次加盐，酱料可以选择你所喜欢的任何一种馅料。

## 清炒南瓜苗

○ **材料**

南瓜苗 200 克，大蒜、盐、油、鸡精各适量

○ **做法**

① 将南瓜苗的外皮撕掉，洗净，切段。

② 锅中入油烧热，下大蒜炒香，倒入南瓜苗翻炒，至南瓜苗熟，入盐、鸡精调味即可。

周六

# 让幸福感飙升

休息日绝对不能把早餐搁浅，今天的肉酱意面和参鸡汤几乎满足了所有人要求的丰盛营养，美味无穷，令周六更加元气满满、活蹦乱跳！

○ **主食**

肉酱意面

○ **汤品**

花旗参乌鸡汤

○ **其他**

蓝莓土豆泥

○ **主要食材**

意面 400 克，猪肉末 300 克，番茄 2 个，乌鸡 300 克，花旗参 10 克，小油菜 100 克，土豆 200 克，蓝莓酱 30 克

○ **营养解密**

意面富含碳水化合物，能够为人体提供足够的热量。乌鸡肉的蛋白质、维生素和矿物质含量比一般鸡肉要高。花旗参富含维生素、矿物质以及多种微量元素，含有花旗参皂苷，能增强人体免疫力。

## 蓝莓土豆泥

○ **材料**

土豆 200 克，蓝莓酱 30 克

○ **做法**

① 土豆洗净，煮熟，去皮，放入器皿中，用勺子捣碎成泥。

② 盛入碗中，做好造型，浇上蓝莓酱即可。

## 肉酱意面

**材料**

意面 400 克，猪肉末 300 克，番茄 2 个，料酒、生粉、油、香油、盐、糖、蒜末、黑胡椒粉各适量

**做法**

① 猪肉末，用料酒、生粉、油、盐拌匀腌渍；番茄洗净，切丁。

② 锅中入油，烧热加入蒜末，炒香，倒入肉末，炒至猪肉熟。

③ 加入番茄丁翻炒至出水，成酱，加糖和黑胡椒粉调味。

④ 炒肉酱的同时，另煮 1 锅开水，放入 1 茶匙盐，从冰箱取出煮熟的意面，倒入开水中焯烫后捞出沥水，放入盘中 ，滴上香油，浇上炒好的肉酱，拌匀即可。

## 花旗参乌鸡汤

**材料**

乌鸡 300 克，花旗参 100 克，枸杞 5 克，小油菜 100 克，盐、鸡精、香油各适量

**做法**

① 将乌鸡洗净斩成块，放入电压力锅中，放入花旗参片、枸杞，加入适量水，启动电源，定时。

② 小油菜洗净，放入冰箱。

③ 打开电压力锅，把备好的小油菜加入汤中，加盐、鸡精、香油调味即可。

周日

# 人人都爱肠仔包

肠仔包是个让我感觉乐此不疲的神奇面包，小巧的金黄色面圈中间裹了一根粉红诱人的脆皮肠，表面来回挤上沙拉酱，撒上些许葱花点缀，鲜艳的色彩与胖嘟嘟的包身，一直保持着超高的人气。

**主食** 沙拉肠仔包
**饮品** 牛奶
**其他** 秋葵煎蛋拼盘　黄皮果

### ○ 主要食材

高筋面粉 220 克，酵母 3 克，黄油 15 克，胡萝卜汁 100 毫升，脆皮肠 4 根，秋葵 4 根，鸡蛋 1 个

### ○ 营养解密

脆皮肠富含磷、钾、碳水化合物、蛋白质和脂肪，可以补充能量，维持钾钠平衡等。秋葵含有铁、钙、锌、硒、可溶性膳食纤维及糖类等多种营养成分，可以预防贫血，美容护肤，强肾补虚等。胡萝卜富含维生素 C、胡萝卜素等成分，有消食健脾、润肠通便、行气化滞、补肝明目等功效。

### ○ 暖心配餐

① 牛奶提前买好，早餐时倒入杯中。

② 黄皮果提前买好，食用时洗净即可。

## 沙拉肠仔包

○ **材料**

高筋面粉 220 克，酵母 3 克，黄油 15 克，食盐 2 克，白糖 15 克，胡萝卜汁 100 毫升，脆皮肠 4 根，鸡蛋液、葱花、沙拉酱各适量

○ **做法**

① 将高筋面粉、酵母、食盐、白糖、胡萝卜汁放入面包机揉成面团，再加入黄油搅拌至面团可拉开成膜且不易破。

② 将面团放进烤箱，开启发酵功能，进行基础发酵至 2 倍大。

③ 基础发酵结束后，将面团分割成 3 个小面团，分别滚圆，盖上保鲜膜，松弛 10 分钟。

④ 将面团一一擀成椭圆形，放上脆皮肠，卷好，捏紧。

⑤ 用刀子在面团切几下，在切痕处用手把面团左右扭动，做好造型后置于温暖处进行二次发酵至 1.5 倍大。

⑥ 将发酵好的面团摆上烤盘，刷上鸡蛋液，撒上葱花，挤上沙拉酱，放入预热好的烤箱，上火 180℃，下火 160℃，烤 20 分钟，取出晾凉，放入冰箱。

⑦ 早上，取出食用即可。

## 秋葵煎蛋拼盘

○ **材料**

秋葵 4 根，鸡蛋 1 个，橄榄油、胡椒粉各适量

○ **做法**

① 秋葵洗净切片，放入沸水中，30 秒后捞起。

② 在平底锅倒入适量橄榄油加热，放上心型模具，在模具内打入一个鸡蛋，慢煎至熟，关火时撒上胡椒粉。

③ 将煮好的秋葵和煎蛋一同装盘即可。

05

# 特别的惦记
# 特殊人群早餐照顾

这一粥膳，拥有清淡的口味，还能益肺气、定喘咳、养胃固肾气，配上清蒸的紫薯，回归食材的真味，是老人的食疗佳品。

**○ 主食**

腐竹白果荞麦粥 / 蒸紫薯

**○ 其他**

山竹

**○ 主要食材**

大米 50 克，荞麦 20 克，腐竹 40 克，白果 100 克，紫薯 350 克，山竹 300 克

**○ 营养解密**

白果具有通畅血管、改善大脑功能、延缓老年人大脑衰老、增强记忆能力等功效。荞麦含有丰富的维生素 E 和可溶性膳食纤维，同时还含有烟酸和芦丁，可降低人体血脂和胆固醇、软化血管、保护视力和预防脑血管出血。紫薯富含蛋白质、果胶、纤维素、氨基酸、维生素及多种矿物质。山竹含有丰富的蛋白质和脂类，对机体有很好的补养作用，对体弱、营养不良、病后都有很好的调养作用。

**○ 暖心配餐**

山竹可提前到超市购买，放入冰箱保鲜，食用时取出，去皮即可食用。

## 蒸紫薯

**○ 材料**

紫薯 350 克

**○ 做法**

紫薯洗净，放入蒸锅，大火蒸 15 分钟，蒸熟即可。

## 腐竹白果荞麦粥

### ○ 材料

大米 50 克、荞麦 20 克，腐竹 40 克，白果 100 克，高汤 1200 毫升

### ○ 做法

① 腐竹提前用清水浸泡，涨发，然后切成段备用。白果剥出果仁，焯烫一下，剥去褐色外衣。大米浸泡 3 小时备用。

② 将大米、荞麦、腐竹、白果放入电压力锅中，加适量高汤，启动电源，预约时间。

③ 早上，加入少许食盐调味即可。

### ○ 小知识

将白果轻轻敲开，放入纸袋里面，然后在微波炉里面稍微加热一下，拿出来之后就可以去掉外壳了。粥宜早餐空腹时食用为佳， 宜热食，淡食，勿过饱。

老人

# 滋养补益套餐

顺着石磨汩汩而下的米浆经过温度的魔术变成了柔韧性十足而又嫩滑的陈村粉，上桌之后，弥漫着若有似无的米香味，还有一汤一蔬相伴左右，闲适恬淡，美味与健康兼得。

**○ 主食**

清蒸陈村粉

**○ 汤品**

山药桂圆汤

**○ 其他**

白灼西蓝花

**○ 主要食材**

陈村粉 250 克，山药 200 克，干桂圆肉 50 克，枸杞子 5 克，西蓝花 250 克

**○ 营养解密**

陈村粉是大米制作而成的，富含碳水化合物，能够为身体提供充足的热量。山药含有黏蛋白、淀粉酶等，黏蛋白能预防心血管系统的脂肪沉积，增强免疫功能，延缓衰老。桂圆干含有维生素 $B_1$、维生素 $B_2$、烟酸、抗坏血酸等化学成分，具有益气补血、安神定志的功效。西蓝花富含蛋白质、碳水化合物、脂肪、矿物质、维生素 C 和胡萝卜素等，能提高机体免疫力。

# 白灼西蓝花

**材料**

西蓝花 250 克，大蒜 4 瓣，植物油、生抽各适量

**做法**

① 西蓝花洗净，切成小朵，放入沸水中烫熟，捞出沥干水分，摆盘。大蒜洗净拍扁切碎。

② 锅中入油烧热，加入切好的大蒜炒香，而后倒入生抽，煮沸。

③ 将煮好的酱汁淋在摆好盘的西蓝花上即可。

## 清蒸陈村粉

○ **材料**

陈村粉 250 克，生抽、香油、酸姜丝、白胡椒粉、辣椒酱、醋各适量

○ **做法**

① 将陈村粉切成小段，装盘，浇上生抽、撒上胡椒粉。

② 蒸锅内加入适量清水，放入备好的陈村粉，大火蒸 8 分钟，出锅，淋上香油即可。

③ 将辣椒酱、酸姜丝、生抽、醋做成味碟，与蒸好的陈村粉一起上桌即可。

## 山药桂圆汤

○ **材料**

山药 200 克，干桂圆肉 50 克，枸杞子 5 克，白糖适量

○ **做法**

① 干桂圆肉、枸杞子均洗净；山药洗净，削皮，切厚片。

② 将山药、干桂圆肉、枸杞子一同放入电炖锅中，加入适量清水，启动电源，预约时间。

③ 早上，给炖好的汤加白糖调味即可。

老人

## 从五谷中走出来的健康

香糯的紫薯、补血的红豆、健脑的青豆、金黄的玉米和滋补的红腰豆煮成羹，色彩鲜亮，营养丰富，富含膳食纤维、多种维生素和矿物质，正适合老人那更需用心照料的早晨。

○ **主食**

五谷捞饭

○ **饮品**

猕猴桃汁

○ **其他**

青菜炒毛豆

○ **主要食材**

米饭 150 克，紫薯 1 个，红豆、红腰豆、青豆、嫩玉米粒各适量，青菜 100 克，毛豆 100 克，猕猴桃 4 个

○ **营养解密**

大米为常用主食，富含碳水化合物，五谷捞饭是粗粮细粮的搭配，能为身体提供充足的热量。青菜中含多种营养素，富含维生素 C，而其含有植物纤维素，能促进肠道蠕动，加速肠道垃圾代谢。毛豆脂肪含量高但多以不饱和脂肪酸为主，如人体必需的亚油酸和亚麻酸，它们可以改善脂肪代谢，降低人体中甘油三酯和胆固醇含量。

## 猕猴桃汁

**材料**

猕猴桃 4 个，白糖适量

**做法**

① 猕猴桃去皮切块。

② 将猕猴桃块放进果汁机，加适量的水，启动电源打成果汁，最后根据自己的口味加入适量的白糖即可。

## 五谷捞饭

○ **材料**

米饭 100 克，紫薯 1 个，红豆、红腰豆、青豆、嫩玉米粒各适量，香油、盐、水淀粉、高汤各适量

○ **做法**

① 红豆、红腰豆提前 4 小时浸泡；紫薯去皮，切块；嫩玉米粒、青豆洗净备用。

② 将红豆、红腰豆、青豆、玉米、紫薯放入锅中，加入适量高汤，启动电源，预约时间。

③ 早上，加入食盐调味，用水淀粉勾芡成五谷羹。

④ 锅中入少许香油，将白米饭炒散，加入少许盐炒匀，盛入碗中压紧，再扣入盘中，围上五谷羹即可。

## 青菜炒毛豆

○ **材料**

青菜 100 克，毛豆 100 克，油、盐、味精各适量

○ **做法**

① 青菜洗净，切末，用少许盐腌渍一会儿，挤出水分。

② 锅中入水，大火烧开，倒入毛豆仁焯熟捞出沥干水分。

③ 锅中加入适量油，煸炒青菜片刻，倒入毛豆仁翻炒，调入盐、味精拌匀即可。

# 难忘家常的味道

人间有味是清欢，一碗家常的馄饨，一个简单的芝麻卷，绿油油的芥蓝带着咸香味，食之有味，食之健康。

**○ 主食**

家常馄饨 / 芝麻卷

**○ 其他**

咸鱼炒芥蓝

**○ 主要食材**

面粉 600 克，猪肉 250 克，虾皮 15 克，黑芝麻粉 50 克，酵母 3 克，芥蓝 300 克，咸鱼 50 克，彩椒 20 克

**○ 营养解密**

面粉富含碳水化合物，为身体提供充足的热量。猪肉含有丰富的蛋白质及脂肪、碳水化合物、钙、铁、磷等成分，其营养成分容易被人体吸收，是营养滋补之品。芝麻含有大量的脂肪和蛋白质，还含有糖类、维生素 A、维生素 E、卵磷脂、钙、铁、磷等营养成分，有健胃、保肝、促进红细胞生长的作用。芥蓝含有丰富的维生素 C，还含有相当多的矿物质、纤维素、糖类等，具有利水化痰、解毒祛风、除邪热、解劳乏、清心明目等功效，非常适合老年人食用。

## 咸鱼炒芥蓝

**○ 材料**

芥蓝 300 克，咸鱼 50 克，彩椒 20 克，油、盐、姜丝、生抽各适量

**○ 做法**

① 咸鱼用温水浸泡，至发软，捞出切小块; 芥蓝择去老叶，老梗，洗净切块; 彩椒洗净，切块。

② 锅中入油，烧热，放姜丝爆香，下咸鱼翻炒，放芥蓝、彩椒翻炒，至熟，调入盐、生抽拌匀即可。

## 家常馄饨

**材料**

面粉 400 克，猪肉 250 克，虾皮 15 克，盐、胡椒粉、生抽、香油、葱花、高汤各适量

**做法**

① 虾皮泡发，洗净剁碎；猪肉洗净，剁成肉末，肉末中调入盐、胡椒粉、生抽、香油、虾皮碎拌匀，做成馅料。

② 面粉加水揉成面团，搓成长条，再切成小剂子，将小剂子按扁，用擀面杖擀成方形面皮。

③ 取一张面皮，放上馅料，卷两卷，再将两头向中间折一下、捏合，倒置摆放整齐，即成馄饨生坯，放入冰箱，备用。

④ 锅中注入适量高汤烧开，下入馄饨，以大火煮约 5 分钟，待煮至馄饨浮起时，调入生抽拌匀，起锅盛入碗中，撒上葱花即可。

# 芝麻卷

**材料**

面粉 200 克，黑芝麻粉 50 克，酵母 3 克，白糖 20 克

**做法**

① 将面粉、酵母、白糖分成两等份，将一份酵母溶于适量水中，再与一份面粉与白糖混合，搓揉成光滑的白面团；将另一份酵母、水和黑芝麻粉混合均匀，再与剩下面粉、白糖混合，揉成光滑的黑色面团。将两份面团分别放入盆中，加盖保鲜膜放于温暖处发酵至 2 倍大。

② 取发酵好的两个面团，分别撒入少许干面粉，排气揉匀。

③ 将两个面团分别擀成厚薄均匀大小相当的面片，把两张面片叠放在一起，中间洒少些水，然后将贴合在一起的面片，从一端卷起，卷成圆柱形。

④ 将卷好的面柱，用刀均匀切成若干等份，放入铺垫好的蒸锅中，饧发 20 分钟，大火蒸 15 分钟，关火后 3 分钟开盖，晾凉，放入冰箱，备用。

⑤ 早上，取出馒头复蒸 8 分钟即可。

不出意外，餐桌上这份赏心悦目的玫瑰馒头总会让孩子们喜出望外，利用南瓜天然的色素原料，成就了玫瑰花美好的寓意，既好吃又好看，配上柔腻鲜嫩的香菇鱼片粥，让早晨回荡着欢声笑语。

**○ 主食**

香菇鱼片粥 / 玫瑰馒头

**○ 其他**

橄榄菜炒虾仁 / 火龙果

**○ 主要食材**

大米 100 克，蘑菇 100 克，鱼肉 200 克，鸡蛋 1 个，面粉 250 克，南瓜 200 克，酵母 2 克，虾仁 250 克，青红椒 10 克，橄榄菜 10 克，火龙果 1 个

**○ 营养解密**

蘑菇营养丰富，含有大量多糖和各种维生素，经常食用可改善人体的新陈代谢，降低胆固醇含量，对人体非常有益。鱼肉富含动物蛋白质和磷质等，营养丰富，滋味鲜美，易被人体消化吸收，对儿童身体和智力的发展具有重大作用。虾富含蛋白质，营养价值很高，肉质松软，易消化，而且无腥味和骨刺，同时含有丰富的矿物质，对儿童的健康极有裨益。

**○ 暖心配餐**

火龙果提前购买，放入冰箱，早餐时取出切块即可食用。

## 蘑菇鱼片粥

### ○ 材料

大米 100 克，蘑菇 100 克，鱼肉 200 克，鸡蛋 1 个，葱、姜、盐、白胡椒粉、淀粉、香油、料酒、植物油各适量

### ○ 做法

① 大米洗净后沥干水分，加入少许油和盐腌渍 30 分钟，放入电压力锅中，加适量清水，启动电源，预约时间。

② 将鱼肉斜切成鱼片，加盐、料酒、白胡椒粉抓至鱼肉发黏，然后加鸡蛋液抓匀，加入干淀粉拌匀，腌渍；蘑菇洗净后切片，备用。

③ 早上，加入腌好的鱼片和蘑菇放入粥底中煮 3 分钟，加入葱姜末，最后加盐、香油调味，撒上葱花即可。

## 玫瑰馒头

**○ 材料**

面粉 250 克，南瓜 200 克，酵母 2 克，白糖适量

**○ 做法**

① 南瓜去皮，洗净，蒸熟，晾凉，用勺子碾压成泥，备用。

② 面粉与白糖混合，酵母用少量温水融化，加入混合好的面粉中，再加入南瓜泥，揉成光滑面团，盖上保鲜膜，放在温暖处发酵至 1.5 倍大。

③ 在案板上，撒干面粉，取出面团，充分揉匀排出发酵所产生的气体，将面团先分成若干个小面团，再将分好的面团分成 6 个小剂子，其中一个小剂子分量稍微少点，搓成橄榄状，用来做花蕊。

④ 将其他 5 个剂子滚圆压扁，擀成圆形面皮。将 5 个面片叠加，放入花蕊，从下向上卷起来，然后用手指往中心掐入，左右旋转拧断，收口朝下，即成生坯。

⑤ 蒸锅中加冷水，将生坯放在铺垫好的锅中，盖上锅盖，饧发 15 分钟，直接开大火蒸制，上汽后继续蒸 15 分钟，关火后闷 3 分钟开锅，晾凉，放入冰箱，备用。

⑥ 早上，取馒头复蒸 8 分钟即可。

## 橄榄菜炒虾仁

**○ 材料**

虾仁 250 克，青红椒 10 克，橄榄菜 10 克，盐、油、料酒、生抽各适量

**○ 做法**

① 虾仁洗净，用料酒、盐腌渍，盖保鲜膜，放入冰箱。

② 青红椒洗净，切圈。

③ 锅中入油烧热，下腌好的虾仁翻炒，至虾仁七成熟，盛出；锅底留油，放青红椒翻炒片刻，加入橄榄菜、虾仁炒匀，调入生抽拌匀即可。

## 儿童 饭团与三文鱼的故事

胖圆胖圆的肉松饭团，让人看见第一眼就会不自觉地喜欢上它，配上香气四溢的三文鱼，可谓是观感与味觉的双重飨宴，难怪会成为孩子们记忆宝匣中最期待的味道。

**主食** 肉松饭团 / 香煎三文鱼
**饮品** 牛奶
**其他** 苦苣圣女果沙拉

### ○ 主要食材

大米 200 克，黄瓜 10 克，胡萝卜 10 克，肉松 5 克，三文鱼 150 克，苦苣 50 克，圣女果 50 克，牛奶 250 毫升

### ○ 营养解密

肉松蛋白质含量高，生津开胃，易于消化。三文鱼含丰富的虾青素和不饱和脂肪酸，能增强脑功能，补虚劳、健脾胃等。苦苣中含有大量的维生素、矿物质、苦苣菜精和类黄酮等物质，常食可提高人体免疫力。

### ○ 暖心配餐

牛奶提前买好，早餐时倒入杯中，直接饮用或温热后饮用均可。

苦苣圣女果
沙拉
香煎三文鱼

## 肉松饭团

**材料**

大米 200 克，黄瓜 10 克，胡萝卜 10 克，肉松 5 克，寿司醋、盐、海苔片各适量

**做法**

① 大米洗净，蒸熟待用。黄瓜、胡萝卜洗净去皮切碎。

② 盛出熟米饭，倒入寿司醋，加入黄瓜碎末、胡萝卜碎末和肉松，调入少许盐，搅拌均匀。

③ 取适量拌好的米饭装进保鲜袋中，捏紧揉圆，从保鲜袋取出包上海苔片即可。

**小知识**

大米可以提前一天放入电饭锅，预约时间，第二天起来米饭就熟了。如果没有预约功能的电饭锅，用前一晚剩下的米饭，微波炉稍微加热一下亦可。

## 香煎三文鱼

**○ 材料**

三文鱼 150 克，盐、黑胡椒碎、柠檬汁、橄榄油各适量

**○ 做法**

① 将三文鱼洗净，放入盘中，加入盐、黑胡椒碎、柠檬汁腌制 15 分钟。

② 平底锅入少许橄榄油烧热，放入腌制好的三文鱼，小火慢煎至熟，撒上黑胡椒碎即可。

## 苦苣圣女果沙拉

**○ 材料**

苦苣 50 克，圣女果 50 克，沙拉酱适量

**○ 做法**

① 苦苣洗净，用手撕碎。圣女果洗净，切成 4 瓣。

② 将苦苣和圣女果混合，淋上沙拉酱，搅拌均匀即可。

# 撒娇的小时光

它做法简单，样式多变，营养丰富，香酥鲜甜，味道自然清新，咬上一口，带稍许韧劲，浓郁的奶香味萦绕舌尖，奶香土豆饼就像一道暖暖的光洒进了孩子们的小世界，勾勒着欢乐的模样。

**○ 主食**

奶香土豆饼 / 蔬菜火腿玉米粥

**○ 蔬果**

蜂蜜核桃仁

**○ 主要食材**

土豆 2 个，鸡蛋 2 个，糯米粉 200 克，牛奶适量，大米 100 克，火腿肠 2 根，玉米粒 100 克，菠菜适量，蜂蜜核桃仁 50 克

**○ 营养解密**

土豆富含维生素、优质纤维、矿物质和微量元素，能够补脾益气、和胃调中，还有促进食欲、辅助治疗消化不良的作用。火腿肠是以畜禽肉为主要原料加工而成的肉制品，含蛋白质、脂肪、碳水化合物、各种矿物质和维生素等营养成分，具有吸收率高、适口性好、饱腹性强等优点。

**○ 暖心配餐**

蜂蜜核桃仁可提前在商店购买（选择其他坚果亦可）。

## 奶香土豆饼

### ○ 材料

土豆 2 个，鸡蛋 2 个，糯米粉 200 克，牛奶适量，油、盐、白糖各适量

### ○ 做法

① 土豆去皮，洗净，切成小丁。

② 糯米粉和土豆丁盛入盆中，磕入鸡蛋，倒入牛奶，调入盐、白糖，搅拌均匀，调成浓稠的面糊，捏成土豆饼坯。

③ 平底锅中放植物油，把面糊压成饼状，用小火煎至两面金黄即可。

## 蔬菜火腿玉米粥

### ○ 材料

大米 100 克，火腿肠 2 根，玉米粒 100 克，菠菜、盐、植物油、香油各适量

### ○ 做法

① 大米洗净后沥干水分，加入少许油和盐腌渍半小时；菠菜择洗干净，切成两段；火腿肠切长条；玉米粒洗净，备用。

② 将腌好的大米倒入电压力锅内，加适量开水，启动电源，预约时间。

③ 早上，将玉米粒、火腿肠加入粥底中煮 20 分钟，再加菠菜煮熟，加入盐、香油调味即可。

孕妇

# 唇边的那抹清澈

水晶虾仁包像个美人儿一样，晶莹剔透的外皮，裹住粉嫩的虾肉馅，把它小心翼翼地放进嘴里，真的有一种把幸福尽收唇齿间的感觉。

**○ 主食**

水晶虾仁包

**○ 汤品**

风味钙骨汤

○ 其他

蒜蓉炒菜心

**○ 主要食材**

高筋面粉 400 克，虾仁 250 克，玉米、青豆、胡萝卜各 50 克，大骨 400 克，玉米 2 根，白萝卜 1 根，菜心 200 克，鸡蛋 2 个

**○ 营养解密**

虾仁含有丰富的优质蛋白，同时含有丰富的钾、碘、镁、磷、钙等矿物质和维生素 A 等成分，对小儿、孕妇尤有补益功效。大骨除了含有蛋白质、脂肪、维生素外，还含有大量的磷酸钙、骨胶原、骨黏蛋白等，能增强人体制造血细胞的能力。玉米的胚乳中含有丰富的淀粉、蛋白质、脂类、矿物质和维生素，具有降血压、降血脂，促进肠胃蠕动，增强记忆力等功效。

**○ 暖心配餐**

制作早餐的同时，可将鸡蛋煮好。锅中放水，放入鸡蛋，大火煮沸腾，转中火煮 5 分钟左右即可。

# 水晶虾仁包

**材料**

高筋面粉 400 克，虾仁 250 克，玉米、青豆、胡萝卜各 50 克，香油、胡椒粉、料酒、盐、葱花，姜末各适量

**做法**

① 虾仁切碎；玉米、青豆、胡萝卜均洗净，剁碎后，与虾仁混合，加入适量的盐、胡椒粉、香油、料酒拌匀，腌渍 30 分钟。

② 将高筋面粉倒在盆内，烧好开水，冲入面粉盆内，一边冲一边用筷子搅拌，而且要拌匀，将粉烫熟成透明状，稍凉后制作成包子皮。

③ 将馅料包入包子皮内，包好捏成包子形，放到笼屉内，锅内放入清水，开大火，水开后放上笼屉蒸 10 分钟即可，晾凉，放入冰箱，备用。

④ 早上，取出包子复蒸 8 分钟即可。

**小知识**

烫面的水一定要烧开的；澄粉没有韧劲，在包包子和蒸熟后取包子的时候都要轻拿轻放，以防拉破。

## 风味钙骨汤

**○ 材料**

大骨 400 克，玉米 2 根，白萝卜 1 根，姜、盐、鸡精各适量

**○ 做法**

① 洗净剁好的大骨，泡入凉水中，期间换几次水，把大骨中的血水泡出。

② 玉米、白萝卜均洗净，切块；姜洗净，切片。

③ 将大骨放入滚水中汆烫 5 分钟，捞出清洗干净，与玉米、萝卜一同放入电炖锅中，加适量清水，加入姜片启动电源，定时。

④ 早上，待大骨炖烂后，放盐、味精调味即可。

## 蒜蓉炒菜心

**○ 材料**

菜心 200 克，大蒜、盐、油、味精各适量

**○ 做法**

① 菜心择洗干净，沥干水分；大蒜洗净，拍碎。

② 锅中入油，烧热，下大蒜爆香，放入菜心翻炒，至断生，放盐、味精调味即可。

孕妇

最是质朴粗粮饭

粗粮紫米虾饺晶莹剔透，色彩漂亮，软糯清香，汤汁鲜美，而且营养丰富，还有暖胃舒心的豆浆燕麦粥，正是为准妈妈们准备的一顿美好而贴心的早餐。

**○ 主食**

豆浆燕麦粥 / 粗粮紫米虾饺

**○ 饮品**

酸奶

**○ 其他**

蜜豆炒百合

**○ 主要食材**

小麦淀粉 200 克，紫米粉 200 克，虾仁 100 克，什锦菜（包括玉米、青豆、胡萝卜粒）适量，豆浆 100 克，燕麦米 100 克，蜜豆 250 克，百合 100 克，胡萝卜适量，酸奶 1 瓶

**○ 营养解密**

虾仁含有丰富的优质蛋白，同时含有丰富的钾、碘、镁、磷、钙等矿物质和维生素 A 等成分，尤其适合孕妇食用。燕麦中蛋白质含量很高，且含有人体必需的多种氨基酸。燕麦中脂肪的主要成分是不饱和脂肪酸，其中的亚油酸可降低胆固醇、预防心脏病，燕麦中维生素和磷、铁等物质的含量也比较丰富。蜜豆中富含膳食纤维、氨基酸、蛋白质、B 族维生素和铁，常食能起到通便润肠、养心补血的功效。

**○ 暖心配餐**

酸奶提前购买，放入冰箱。

# 粗粮紫米虾饺

**材料**

小麦淀粉 200 克，紫米粉 200 克，虾仁 100 克，什锦菜（包括玉米、青豆、胡萝卜粒）、葱花、姜末各适量，盐、胡椒粉、香油、黄酒各少许

**做法**

① 先将虾仁切碎后，和什锦菜、葱花混合，加入适量的盐、胡椒粉、香油、黄酒、姜末拌匀，腌渍 30 分钟。

② 将小麦淀粉和紫米粉倒在盆内混合均匀，烧好开水，冲入混合面粉，一边冲一边用筷子搅拌，而且要拌匀，将粉烫熟成透明状，稍凉后制作成饺子皮。

③ 将馅料包入饺子皮内，包好捏成饺子形，备用。

④ 早上，将饺子放到笼屉内，锅内放入清水，开大火，水开后放上笼屉蒸 10 分钟即可。

**小知识**

烫面的水一定要烧开的，够烫才好；这款饺子没有韧劲，要轻拿轻放，以免拉破。

## 蜜豆炒百合

**○ 材料**

蜜豆 250 克，百合 100 克，胡萝卜、盐、油、鸡精各适量

**○ 做法**

① 蜜豆去头去尾，洗净，切段；百合去蒂，掰成瓣，洗净；胡萝卜洗净，切花刀。

② 锅中入水，大火烧开，将百合、蜜豆倒入焯水，迅速捞出过凉，备用。

③ 锅烧热入油，倒入胡萝卜翻炒片刻，加入蜜豆、百合翻炒 1 分钟。

④ 入盐、鸡精调味，拌匀即可。

**○ 小知识**

百合分为粉百合和药百合，药百合吃起来很苦，最好是选购粉百合，一般来讲，一个百合只有一个百合头的则为粉百合。

## 豆浆燕麦粥

**○ 材料**

豆浆 100 克，燕麦米 100 克，白糖适量

**○ 做法**

① 燕麦米洗净，用清水浸泡 1 小时。

② 将泡好的燕麦米放入电压力锅中，加适量清水，启动电源，预约时间。

③ 早上，加入豆浆，继续煮 10 分钟，加适量白糖拌匀即可。

三鲜饺子是最受欢迎的一种饺子，绝妙的搭配，不朽的经典，肉馅搭配富含膳食纤维的韭菜，不仅让饺子的味道更香，更减少了身体额外的“负担”，很是贴心。

**○ 主食**

三鲜饺子

**○ 汤品**

菠萝西芹蔬果汁

**○ 其他**

五谷营养膳

**○ 主要食材**

饺子皮 250 克，猪绞肉 200 克，鲜虾 200 克，韭菜 150 克，黑木耳 100 克，胡萝卜 80 克，菠萝 50 克，西芹 50 克，青椒 20 克，柠檬 30 克

**○ 营养解密**

胡萝卜中含有丰富的胡萝卜素，及维生素 $B_1$、维生素 $B_2$、维生素 C、维生素 D、维生素 E、维生素 K、叶酸、钙及膳食纤维等，可增强抵抗力，降糖降脂，利膈宽肠等。松仁中富含不饱和脂肪酸，各种矿物质，维生素 E 等，具有滋阴养液、补益气血、润燥滑肠等功效。菠萝、西芹含有丰富的叶酸，叶酸能大大降低神经管畸形儿的发生率。

# 三鲜饺子

**材料**

自制饺子皮 250 克，猪绞肉 200 克，鲜虾 200 克，韭菜 150 克，黑木耳 100 克，盐、料酒、生抽、芝麻油、葱末、姜末各适量

**做法**

① 韭菜择去老叶，洗净沥干备用；黑木耳泡发，捞出沥干备用。

② 猪绞肉加盐打水，加料酒、姜末、生抽，搅拌至肉质顺滑具有黏性，再加芝麻油搅拌，冷藏。

③ 鲜虾去壳、去虾线，洗净切碎，与葱末一起加入肉馅中，搅拌均匀。

④ 将沥干的韭菜和黑木耳切碎，加入肉馅中，淋上芝麻油，轻轻拌匀，做成馅料。

⑤ 取一张面皮，在面皮中央放上适量馅料，将上下两边皮对折捏牢中间，双手拇指和食指按住边同时微微向中间轻轻一挤，中间鼓起成木鱼形，放入冰箱，备用。

⑥ 早上，锅中注入适量清水烧开，下饺子，盖上锅盖煮至开锅后，再注入适量清水，盖上锅盖煮至开锅，如此反复三次，开盖再略煮片刻，捞出装盘，即可。

**小知识**

三鲜馅可以根据个人的喜好，变换搭配各种应季蔬菜；韭菜洗净后要沥干，至表面无水再使用。

## 菠萝西芹蔬果汁

○ **材料**

菠萝 50 克，西芹 50 克，青椒 20 克，柠檬 30 克，盐水少许

○ **做法**

① 西芹洗净，切段；青椒洗净、去籽，切成小块；菠萝去皮，切块，放盐水中泡 15 分钟；柠檬去皮、洗净，切成小块。

② 将上述材料倒入豆浆机中，加入适量凉开水，按下“蔬果汁”键。

③ 豆浆机提示蔬果汁做好后倒入杯中即可饮用。

## 五谷营养膳

○ **材料**

胡萝卜 80 克，松仁、腰果、嫩玉米粒、毛豆、红腰豆、油、盐各适量

○ **做法**

① 胡萝卜去皮、洗净，切小丁；嫩玉米粒、毛豆均洗净；红腰豆洗净，入锅煮熟。

② 胡萝卜、嫩玉米粒、毛豆分别焯熟后捞出，沥干水分。

③ 油锅烧热，放入备好的所有食材入锅翻炒均匀。

④ 调入盐，炒匀即可。

○ **小知识**

五谷的营养价值要比吃单一的谷物高得多和全面得多。五谷中大多含有维生素 E，这种维生素能使脑细胞免受损害，从而保护机体 。

## 让小宇宙爆发

在滚烫的牛肉粥中打入生鲜鸡蛋，滑润不腻，米香粥黏，满嘴的牛肉鲜香和着滑滑的鸡蛋，更佐以火腿三明治，想想就让人觉得储蓄了满满的能量，为一天的学习做好了充足的准备。

### ○ 主食

滑蛋牛肉粥 / 火腿鸡蛋三明治

### ○ 饮品

牛奶

### ○ 其他

柳橙

### ○ 主要食材

大米 100 克，牛肉 150 克，鸡蛋 4 个，全麦切片吐司 8 片，午餐火腿 100 克，生菜 50 克，沙拉酱 30 克，牛奶 250 毫升，柳橙 300 克

### ○ 营养解密

牛肉里蛋白质含量高，脂肪含量低，可提高人体的抗病能力。鸡蛋含有丰富的优质蛋白质、DHA 和卵磷脂等，对神经系统和身体发育有很大好处。火腿含有丰富的优质蛋白、有益人体消化吸收。牛奶中含有的钙容易被吸收，肠胃功能比较弱的人不宜大量应用。柳橙中含量丰富的维生素 C，能增加机体抵抗力，酸甜可口，具有开胃消食的功效。

### ○ 暖心配餐

① 牛奶提前买好，放入冰箱，早晨把牛奶放入微波炉里加热即可。

② 柳橙提前买好，食用时切开即可。

## 火腿鸡蛋三明治

○ **材料**

全麦切片吐司 8 片，鸡蛋 2 个，午餐火腿 100 克，生菜 50 克，沙拉酱 30 克，油适量

○ **做法**

① 煎锅内入少许油，打入鸡蛋煎熟，盛出。

② 取一盘子，先放上一片吐司，涂一层沙拉酱，接着铺上生菜、火腿片。

③ 再涂沙拉酱再铺上一片吐司，接着铺上生菜、煎好的鸡蛋，涂一层沙拉酱，铺上生菜，最后铺上一片吐司即可。

④ 将做好的三明治入微波炉里烤 1 分钟即可。

## 滑蛋牛肉粥

○ **材料**

大米 100 克，牛肉 150 克，鸡蛋 2 个，葱、姜、油、盐、料酒、淀粉、白胡椒粉、香油各适量

○ **做法**

① 大米洗净后沥干水分，加入少许油和盐腌渍 30 分钟，放入电压力锅中，加适量清水，启动电源，预约时间。

② 牛肉洗净切成薄片，加料酒、淀粉、白胡椒粉、油拌匀，腌渍，放入冰箱，备用。

③ 早上，加入腌好的牛肉放入粥底中煮 3 分钟，煮至牛肉变色，加入姜丝，再磕入鸡蛋煮至七成熟，加入盐、白胡椒粉、香油调味，撒上葱花即可。

一碗暖腾腾的香菇炖鸡面，是细火慢炖而来的营养美味，藏着来自心底最深处的温情暖意，咸鲜甘腴，哧溜哧溜吃得痛快，让人大快朵颐，如此简单，又如此满足。

**○ 主食**

香菇炖鸡面

**○ 饮品**

健脑豆浆

**○ 其他**

蚕豆米韭黄炒蛋

**○ 主要食材**

公仔面 300 克，鸡腿 2 个，香菇 150 克，嫩蚕豆 50 克，韭黄 50 克，鸡蛋 4 个，青红椒 30 克，黄豆 50 克，核桃仁 10 克，花生仁 10 克，黑芝麻 5 克

**○ 营养解密**

鸡肉含有丰富的蛋白质、维生素 C、维生素 E 等，而且易消化，很容易被人体吸收利用，有增强体质、强壮身体的作用。韭黄富含多种维生素、胡萝卜素、碳水化合物及矿物质，还含有丰富的纤维素，可以促进肠道蠕动。花生含有丰富的蛋白质、脂肪，各种人体必需氨基酸，维生素，钙、铁等矿物质，有健脑等功效。黑芝麻能健脑、增强记忆力。

## 健脑豆浆

**材料**

黄豆 50 克，核桃仁 10 克，花生仁 10 克，黑芝麻 5 克，冰糖 10 克

**做法**

① 黄豆用清水浸泡约 8 小时，洗净；核桃仁、花生仁、黑芝麻洗净。

② 将黄豆、核桃仁、花生仁、黑芝麻一同倒入豆浆机中，加水至上、下水位线之间，按下“豆浆”键。

③ 豆浆机提示豆浆做好后，加冰糖搅拌至化开即可。

## 香菇炖鸡面

**材料**

公仔面 300 克，鸡腿 2 个，香菇 150 克，枸杞子 5 克，葱花、盐、生抽、香油各适量

**做法**

① 香菇去蒂，洗净；鸡腿洗净，与洗好的香菇、枸杞子一起放入电炖锅中，加入适量清水，启动电源，预约时间。

② 早上，汤锅加入适量水，烧开，下公仔面煮熟，将面条捞入鸡汤碗中，再加盐、生抽、香油调味。

③ 把炖好的鸡腿和香菇盛入面上，撒上葱花即可。

## 蚕豆米韭黄炒蛋

**材料**

嫩蚕豆 50 克，韭黄 50 克，鸡蛋 4 个，青红椒 30 克，盐、味极鲜、白胡椒粉、油各适量

**做法**

① 韭黄择洗干净，切段；青红椒洗净，切丝；嫩蚕豆洗净；鸡蛋磕入碗中，打散成蛋液。

② 锅内水烧沸，加入适量的盐和几滴油，将嫩蚕豆放入锅中焯水，待水再次烧沸，捞出嫩蚕豆，沥干。

③ 油锅烧热，倒入鸡蛋液，滑炒散开，装起备用。

④ 余油烧热，放入韭黄，翻炒几下，放入青红椒丝，倒入炒好的鸡蛋、嫩蚕豆，加盐、味极鲜、白胡椒粉调味，翻炒均匀即可。

学生

# 悄然释放的关怀

孩子在面临繁重的学业时，为其选择极富营养的鳕鱼豆腐粥作为早餐主食是再明智不过了，鳕鱼搭配豆腐和米粥，鱼肉鲜嫩，豆腐滑爽，米香粥黏，再配上汤品和小菜，让他们能够活力充沛，事半功倍。

### ○ 主食

鳕鱼豆腐粥

### ○ 饮品

玉米核桃仔排骨汤

### ○ 蔬果

西芹鲜百合炒腰果

### ○ 主要食材

大米 100 克，内酯豆腐 1 块，鳕鱼 100 克，西芹 200 克，鲜百合 80 克，腰果 100 克，胡萝卜适量，排骨 450 克，玉米 1 个，核桃仁 8 个

### ○ 营养解密

鳕鱼含有满足生长发育所需的多种营养素，还含有维生素、矿物质等，有助于大脑发育。西芹营养丰富，富含矿物质及多种维生素等营养物质，具有除烦、健胃、利尿等功效，是一种保健蔬菜。核桃营养丰富，含有丰富的蛋白质、脂肪、矿物质和维生素，可防止细胞老化、增强记忆力及延缓衰老。

## 百合西芹炒腰果

### ○ 材料

西芹 200 克，鲜百合 80 克，腰果 100 克，胡萝卜、盐、油、鸡精各适量

### ○ 做法

① 西芹撕去老筋，洗净，切斜刀；鲜百合，洗净；胡萝卜洗净，切片。

② 锅中入油烧热，下胡萝卜翻炒片刻，加入西芹翻炒 1 分钟，加入鲜百合、腰果稍炒，加盐调味即可。

## 玉米核桃仁排骨汤

### ○ 材料

排骨 450 克，玉米 1 个，核桃仁 8 个，葱、姜、料酒、盐各适量

### ○ 做法

① 洗净剁好的排骨，泡入凉水中，期间换几次水，把排骨中的血水泡出。

② 玉米洗净，切成小段；核桃仁洗净；姜洗净，切片；葱洗净，切葱花。

③ 将排骨放入沸水中汆烫 5 分钟，捞出清洗干净，与玉米、核桃仁一同放入电炖锅中，加适量清水，加入姜片和料酒，启动电源，预约时间。

④ 早上，待排骨炖烂后，放盐、葱花调味即可。

## 鳕鱼豆腐粥

**材料**

大米 100 克，内酯豆腐 1 块，鳕鱼 100 克，葱、盐、油各适量

**做法**

① 大米洗净后沥干水分，加入少许油和盐腌渍半小时，备用。

② 将鳕鱼洗净并去皮、剔刺，用淡盐水浸渍半小时，放蒸锅上蒸熟；内酯豆腐洗净切成小块，并用开水焯烫熟，晾凉，放入冰箱保存备用。

③ 电压力锅内加入足量的清水，倒入腌好的大米，启动电源，预约时间。

④ 早上，将制熟的鱼肉切成碎末，同豆腐一起放入粥底中，加食盐调味，撒上葱花即可。

学生

# 早餐时间的小狂欢

紧张的学习从营养美味的早餐开始，为孩子们快乐开启崭新的一天，让他们满血复活，在学习过程中拥有源源不断的体力和精力。

### 主食

香脆水煎包

### 汤品

鲜味菌菇汤

### 其他

巧手香芹苗

### 主要食材

面粉 300 克，干酵母粉 5 克，羊肉、胡萝卜各适量，白玉菇 150 克，蟹味菇 150 克，鸡腿菇 100 克，香芹苗 300 克，鲜核桃仁适量

### 营养解密

面粉富含蛋白质、碳水化合物、维生素和钙、铁、磷等矿物质，有养心益肾、健脾厚肠的功效。白玉菇含蛋白质较一般蔬菜高，必需氨基酸比例合适，长期食用可以起到很好的保健作用。蟹味菇含有丰富维生素和多种氨基酸，其中赖氨酸、精氨酸的含量高于一般菇类，有助于青少年益智增高，抗癌、降低胆固醇。鸡腿菇含有丰富的蛋白质，碳水化合物，多种维生素等，具有提高免疫力，安神除烦的功效。香芹苗可平肝降压，镇静安神，养血补虚等。

# 香脆水煎包

**材料**

面粉 300 克，干酵母粉 5 克，羊肉、胡萝卜各适量，盐、胡椒粉、老抽、姜末、葱花各适量

**做法**

① 胡萝卜去皮、洗净，切碎，入热油锅中稍炒后盛出；羊肉洗净，剁成末，羊肉末中加入盐、胡椒粉、老抽、姜末、葱花搅拌均匀，再倒入炒过的胡萝卜碎拌匀，做成馅料。

② 在案板上撒上干面粉，将发酵面团反复揉搓 5 分钟，然后将面团搓成长条，做成小剂子，再擀成中间厚、边缘薄的圆皮。

③ 取适量馅料放入面皮中，将面皮顺着一个方向折出褶纹，直至收口捏拢封口，即成包子生坯。将做好的包子生坯饧发 15 分钟，妥善保存，备用。

④ 早上，平底锅入油烧热，放入包子，倒入适量面粉水。盖上锅盖，以大火烧至水开后，转中火煎至水快干时，再转小火煎 5 分钟，离火约焖 2 分钟后开盖即可装盘。

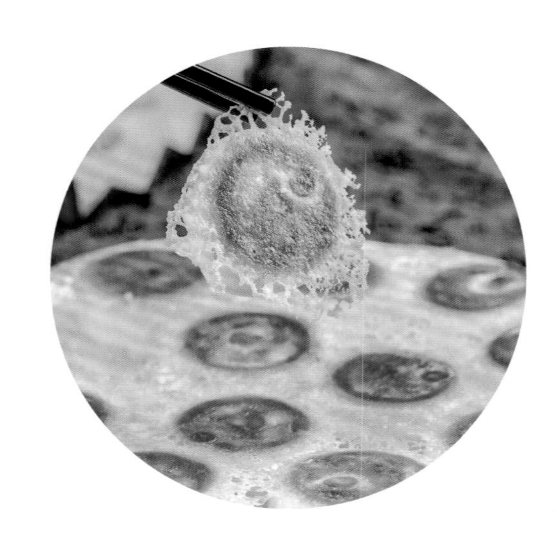

## 巧手香芹苗

○ **材料**

香芹苗300克，鲜核桃仁、姜、葱、红辣椒各适量，盐、香油、鸡精、生抽各适量

○ **做法**

① 鲜核桃仁洗净，浸泡2小时，去皮；香芹苗去根，洗净，沥干水分，切成段；红辣椒洗净，切碎；姜去皮，洗净，切末；葱洗净，切末；用盐、香油、鸡精、生抽、葱姜末加点开水调成味汁。

② 把香芹苗、鲜核桃仁和红辣椒碎装入盘中，浇上味汁，搅拌均匀即可。

## 鲜味菌菇汤

○ **材料**

白玉菇150克，蟹味菇150克，鸡腿菇100克，枸杞子适量，盐、鸡精、香油、胡椒粉各适量

○ **做法**

① 将白玉菇、蟹味菇、鸡腿菇放入淡盐水中，浸泡10分钟。

② 将所有食材冲洗干净，沥干水分；鸡腿菇切片。

③ 将所有菌菇倒入砂锅内，加入适量清水炖30分钟。

④ 加入盐、鸡精、香油、胡椒粉调味，撒入枸杞子即可。

# 健脾降血压套餐

这款早餐就像是为三高人群“私人订制”的，兼顾健康的同时可以饱腹，饱腹的同时又不失美味，关怀和照料自然不言而喻。

### ○ 主食

山药山楂粥 / 清蒸玉米

### ○ 其他

蒜香茄子 / 柚子

### ○ 主要食材

大米 100 克，山药 150 克，山楂干 20 克，玉米 2 个，茄子 250 克，柚子 350 克

### ○ 营养解密

山药含有黏蛋白、淀粉酶等 ，黏蛋白能预防心血管系统的脂肪沉积，增强免疫功能，延缓衰老。山楂含有大量的维生素 C 与微量元素，能够改善和促进胆固醇排泄而降低血脂，预防高血脂的发生。玉米可防治血管硬化和促进脑细胞功能。茄子可促进蛋白质、脂质、核酸的合成，提高供氧能力，改善血液流动，防止血栓，提高免疫力。

### ○ 暖心配餐

① 玉米提前买好，放入冰箱保鲜，第二天早上取出，去皮洗净，放入锅内隔水蒸 15 分钟即可。

② 柚子提前买好，剥好即可食用。

## 蒜香茄子

**○ 材料**

茄子 250 克，葱花、蒜泥、盐、辣椒粉、香油、生抽各适量

**○ 做法**

① 将茄子去皮、洗净，切成大小均匀的条状。

② 将茄条整齐地摆入盘中，转入蒸锅，蒸约 12 分钟，取出。

③ 将葱花、蒜泥、盐、辣椒粉、香油、生抽调拌均匀，淋在茄条上，再次拌匀即可。

## 山药山楂粥

**○ 材料**

大米 100 克，山药 150 克，山楂干 20 克，白糖 20 克

**○ 做法**

① 山药去皮，洗净，切块；山楂洗净，备用。

② 大米洗净，与山药块、山楂放入电压力锅中，加适量清水，启动电源，预约时间。

③ 早上，加入白糖调味拌匀即可。

偶尔，在早晨体会一顿“粗茶淡饭”，能够达到主食多样化，营养均衡的目的，对于三高人群来说更是如此，常食有益健康。

**○ 主食**

高粱蒸饺

**○ 饮品**

荞麦山楂豆浆

**○ 其他**

清炒番薯叶

**○ 主要食材**

面粉 100 克，高粱面 150 克，酸菜 300 克，番薯叶 250 克，黄豆 50 克，荞麦 20 克，山楂 10 克

**○ 营养解密**

高粱富含脂肪及钙、磷、铁等微量元素，可养肝益胃。红薯叶具有增强免疫功能、提高机体抗病能力、促进新陈代谢、延缓衰老、降血糖、通便利尿、阻止细胞癌变的良好保健功能。山楂的维生素含量丰富，有降血脂、保护视力、软化血管的功效。

## 荞麦山楂豆浆

**○ 材料**

黄豆 50 克，荞麦 20 克，山楂 10 克

**○ 做法**

① 提前将黄豆用清水浸泡约 8 小时，再洗净；山楂泡软，去核；荞麦淘洗干净。

② 将黄豆、山楂、荞麦一同倒入豆浆机中，加入适量清水，启动豆浆机，待豆浆机自行搅打、煮熟后，滤出豆渣，去除浮沫即可。

## 清炒番薯叶

**○ 材料**

番薯叶 300 克，大蒜、食用油、盐、生抽、味精各适量

**○ 做法**

① 将番薯叶择洗干净，沥干水备用；大蒜剥成瓣。

② 油锅烧热，下蒜瓣炸香，下番薯叶大火快速翻炒，至番薯叶断生，调入盐、生抽、味精炒匀，装盘即可。

# 高粱蒸饺

**材料**

面粉 100 克，高粱面 150 克，酸菜 300 克，油、生抽、味精、香油、盐、姜末、蒜末各适量

**做法**

① 将面粉与高粱面粉混合，烧好开水，冲入混合面粉，一边冲一边用筷子搅拌，而且要拌匀，将粉烫熟成透明状，晾凉。

② 酸菜洗净，剁碎；锅中入油，放入姜末、蒜末煸香，倒入酸菜翻炒，加盐、生抽、味精调味，炒至酸菜干爽盛出，淋入香油拌匀，成馅料。

③ 案板上撒干面粉，取出面团，揉匀排气，搓成长条，分成若干面剂子。

④ 取一个面剂子，按扁，擀成中间厚、边缘薄的圆面皮，填入馅料，捏合制成饺子生坯，放入冰箱，备用。

⑤ 早上，将生坯码入铺垫好的锅中，冷水上锅，开大火，上汽后蒸约 12 分钟关火，3 分钟后开盖即可。

清甜莹润的银耳木瓜糙米粥，配上鲜香爽口的黑木耳，既是绝佳美味，又是净化血液、降血脂的好帮手哦！

**○ 主食**

银耳木瓜糙米粥

**○ 饮品**

西芹蔬菜汁

**○ 其他**

鸡汁黑木耳

**○ 主要食材**

糙米 150 克，银耳 50 克，木瓜 80 克，枸杞子 10 克，干黑木耳 100 克，胡萝卜 50 克，鸡汤 500 毫升，西芹 150 克

**○ 营养解密**

糙米能清除体内过氧化物等毒素，净化血液，对高脂血症、高血压症具有一定的防治效果。木瓜中特有的木瓜酵素可帮助消化，有防治便秘的功效。黑木耳具有益气强身、滋肾养胃、活血等功能，它能抗血凝、抗血栓、降血脂、降低血液黏稠度、软化血管，使血液流动畅通，减少心血管病发生。西芹是一种保健蔬菜，富含矿物质及多种维生素等营养物质。

## 西芹蔬菜汁

**○ 材料**

西芹 150 克，蜂蜜适量

**○ 做法**

① 西芹洗净，切小段。

② 将西芹段倒入豆浆机中，加入适量凉饮用水，按下“蔬果汁”键。

③ 西芹蔬菜汁做好后，倒入杯中，加入蜂蜜搅匀即可饮用。

## 银耳木瓜糙米粥

**○ 材料**

糙米 150 克，银耳 50 克，木瓜 80 克，枸杞子 10 克，蜂蜜适量

**○ 做法**

① 银耳提前用清水泡发，洗净，撕成小朵；木瓜去皮，切成小块；枸杞子洗净备用；糙米洗净，用清水浸泡 2 小时，备用。

② 锅中加适量清水烧开，放入糙米、枸杞子、银耳，启动电源，预约时间。

③ 早上，下入木瓜，续煮 5 分钟，加蜂蜜调味即可。

## 鸡汁黑木耳

**○ 材料**

干黑木耳 100 克，胡萝卜 50 克，鸡汤 500 毫升，盐、油、生抽各适量

**○ 做法**

① 干黑木耳泡发，去蒂，洗净；胡萝卜洗净，切花刀，备用。

② 锅中入油烧热，下胡萝卜翻炒片刻，加入黑木耳翻炒均匀。

③ 然后倒入鸡汤，大火烧开，转小火焖煮 10 分钟，入盐、生抽调味即可。

玉米窝窝头色彩金黄，口感黏糯，采用天然的五谷杂粮为原料，虽不华丽似涂脂抹粉，却是平实的美味，每一口都散发着粗粮的香气。

**○ 主食**

玉米窝窝头

**○ 饮品**

苦瓜汁

**○ 其他**

青瓜桃仁白玉菇 / 樱桃

**○ 主要食材**

糯米 200 克，玉米面 100 克，青瓜 200 克，核桃仁 6 个，白玉菇 50 克，红椒 15 克，苦瓜 100 克，柠檬 60 克，樱桃 200 克

**○ 营养解密**

玉米窝窝头富含人体必需的多种蛋白质、氨基酸、不饱和脂肪酸、碳水化合物、膳食纤维，属低脂、低糖食品，尤其适合糖尿病人及肥胖人群食用。苦瓜中含有多种维生素、矿物质，可以加速排毒，还具有良好的降血糖、抗病毒功效。樱桃中富含的花色素苷能够增加人体内部胰岛素的含量，从而起到降低血糖的作用。

**○ 暖心配餐**

樱桃提前购买，放入冰箱，早餐时取出洗净即可食用。

**材料**

苦瓜 100 克，柠檬 60 克，蜂蜜适量

**做法**

① 苦瓜去籽，切小块；柠檬洗净，去皮、去籽。

② 将上述材料倒入豆浆机中，加入适量凉饮用水，按下“蔬果汁”键。

③ 豆浆机提示蔬果汁做好后倒入杯中，加入蜂蜜搅匀即可。

## 玉米窝窝头

○ **材料**

糯米 200 克，玉米面 100 克，白糖适量

○ **做法**

① 将糯米粉、玉米粉和白糖一起放入盆内，混合均匀，往和好的粉内一点点加入清水，将粉面和成团，并静置 15 分钟。

② 将揉好的面团平均分成若干等份，将小面团握在左手掌心，捏成小窝窝头。

③ 蒸锅上刷一层薄油，将捏好的窝头放入蒸锅内，大火蒸 10 分钟，晾凉，放入冰箱，备用。

④ 早上，取出复蒸 8 分钟即可。

## 青瓜桃仁白玉菇

○ **材料**

青瓜 200 克，核桃仁 6 个，白玉菇 50 克，红椒 15 克，大蒜、油、盐、葱油、姜油、味精各适量

○ **做法**

① 青瓜洗净，削皮，切成手指粗细的长条；核桃仁洗净，用热水泡片刻后，去皮；白玉菇洗净；红椒洗净，切条；大蒜洗净，拍碎。

② 锅中入油烧热，下大蒜爆香，加入青瓜翻炒片刻，加入核桃仁、白玉菇、红椒翻炒至断生，调入盐、葱油、姜油、味精拌匀即可。

健康的身体是需要花心思去经营的，糙米和大麦可作为糖尿病患者的理想补充食材，黄瓜糙米粥清爽沁人，大麦馒头嚼劲十足，营养丰富，反复咀嚼会有粮食的余味充盈于口中，别有一番风味。

**○ 主食**

黄瓜糙米粥 / 大麦馒头

**○ 饮品**

酸奶

**○ 其他**

爽口莴笋

**○ 主要食材**

糙米 50 克，黄瓜 50 克，糯米 50 克，大麦面 150 克，面粉 200 克，酵母 3 克，牛奶 150 毫升，莴笋 250 克，红辣椒 10 克，酸奶 1 瓶

**○ 营养解密**

黄瓜中所含的葡萄糖苷、果糖等不参与通常的糖代谢，故糖尿病患者以黄瓜代淀粉类食物充饥，血糖非但不会升高，甚至会降低。糙米可以帮助促进肠道有益细菌增殖，加快肠道蠕动，具有通便、预防便秘、调理肠胃机能、净化血液等作用。大麦的营养丰富，富含膳食纤维和抗氧化成分，无胆固醇，低脂肪。大麦是可溶性膳食纤维极佳的来源，它不仅可以降低血液中胆固醇的含量，还可以降低低密度脂蛋白的含量，因此大麦可以作为糖尿病患者理想的补充食物。

**○ 暖心配餐**

酸奶提前在超市购买，放入冰箱。

## 大麦馒头

### ○ 材料

大麦面 150 克，面粉 200 克，酵母 3 克，牛奶 150 克，白糖 5 克

### ○ 做法

① 将面粉和大麦面，加少量糖，混合；将酵母溶于牛奶中，冲入面粉，揉面至光滑，加盖保鲜膜，放在温暖处发酵至约 2 倍大。

② 案板上撒干面粉，取出面团，反复揉搓排气。

③ 将面团搓成长条，按自己的喜好分切成若干等份，底部铺玉米皮，放入加好水的蒸锅中，静置 10 分钟。

④ 开大火，上汽后蒸 15 分钟关火，3 分钟后即可开盖，晾凉，放入冰箱，备用。

⑤ 早上，取出复蒸 8 分钟即可。

### ○ 小知识

大麦面吃起来口感比较粗糙，因此，做的时候可以加入些小麦面粉，这样吃起来的口感更加细腻。

## 爽口莴笋

### ○ 材料

莴笋 250 克，红辣椒 10 克，盐、生抽、白醋、辣椒油、香油各适量

### ○ 做法

① 莴笋去皮，洗净，切片，焯水后捞出；红辣椒洗净，切圈。

② 将莴笋、红辣椒一同放入碗中，调入盐、生抽、白醋、辣椒油、香油拌匀即可。

## 黄瓜糙米粥

### ○ 材料

糙米 50 克，黄瓜 50 克，糯米 50 克，食盐、食用油各适量

### ○ 做法

① 糙米、糯米淘洗干净，用清水浸泡 1 小时；黄瓜去皮，洗净，切小块，备用。

② 锅中加适量清水烧开，放入糙米、糯米，以大火煮至软烂。

③ 加入黄瓜块，煮至沸腾后，加食盐和食用油调味即可。

### ○ 小知识

糙米有口感欠佳、不易消化等弊端，因此煮粥前需要先浸泡 1 小时，充分浸润后再熬制便会软烂。

翡翠蒸饺，绿色的菠菜，橙色的胡萝卜，一张皮包裹起一份馅料，经过蒸汽的催化，或剔透或圆润起来，待到笼盖一揭，热气腾腾的蒸饺，蘸上香醋，口感清爽鲜甜，瞬间迷倒众人。

**○ 主食**

荞麦桂圆粥 / 翡翠蒸饺

**○ 饮品**

荷叶绿茶豆浆

**○ 其他**

西芹拌核桃仁

**○ 主要食材**

荞麦 150 克，干桂圆肉 30 克，澄粉 300 克，淀粉 100 克，胡萝卜、菠菜、菠菜汁各适量，核桃仁 200 克，西芹 150 克，红辣椒 15 克，黄豆 60 克，鲜荷叶 20 克，绿茶 8 克

**○ 营养解密**

荞麦和桂圆入粥，含有大量的芦丁、纤维素、硒及维生素等营养物质，不仅适用于防治高血脂、高血压和糖尿病等，还可防治肥胖，维护心血管系统。荷叶可清凉解暑、生津止渴等，适宜糖尿病患者饮用。绿茶含有丰富的儿茶素，可以防止血管的氧化，有效预防糖尿病合并动脉硬化，还能减缓肠内糖类的吸收，抑制餐后血糖值的快速上升。

## 荞麦桂圆粥

**材料**

荞麦 150 克，干桂圆肉 30 克，白糖适量

**做法**

① 荞麦洗净，用清水浸泡 1 小时；干桂圆肉洗净。

② 荞麦放入锅中，加适量清水，启动电源，预约时间。

③ 早上，放入干桂圆肉，加适量白糖调味即可。

## 翡翠蒸饺

### ○ 材料

澄粉 300 克，淀粉 100 克，胡萝卜、菠菜、姜末、菠菜汁各适量

### ○ 做法

① 澄粉、淀粉混合，盛入盆中，缓缓倒入菠菜汁，一边倒一边用筷子顺一个方向将面搅拌至没有干面时，盖上湿布焖 5 分钟。

② 取出面团，再分次加入淀粉揉匀，加入适量油揉至面团光滑时，盖上湿布，静置 20 分钟。胡萝卜去皮、洗净，切粒。菠菜洗净，焯水后捞出，切碎。

③ 油锅烧热，入胡萝卜稍炒，调入盐炒匀后盛出，与菠菜、姜末混合，加入生抽、香油拌匀，做成馅料。

④ 取出面团，搓成长条，再切成小剂子，将小剂子按扁，用擀面杖擀成中间厚四边薄的面皮。

⑤ 取一张面皮，手指蘸上清水沿边涂上半圈以便捏合，在面皮中央放上适量馅料。

⑥ 将两边提起对折，再于两边分别打褶，成形，做成饺子生坯，放入冰箱，备用。

⑦ 早上，将饺子生坯摆入蒸笼中，入锅蒸约 8 分钟即可。

### ○ 小知识

菠菜做馅时稍微多放些姜，这样能去除菠菜的涩味；菠菜焯烫的时间不要过长，否则影响口感和美观。

## 西芹拌核桃仁

**○ 材料**

核桃仁 200 克，西芹 150 克，红辣椒 15 克，盐、白糖、香醋、生抽、香油各适量

**○ 做法**

① 西芹撕去老筋，洗净，切条，放入开水中焯烫 2 分钟，捞出控干水分；核桃仁洗净，用热水泡片刻后，去皮；红椒洗净，切丝。

② 将西芹、核桃仁、红椒丝混合，装盘。将盐、白糖、香醋、生抽、香油调匀成味汁，淋在混合好的材料中，拌匀即可。

## 荷叶绿茶豆浆

**○ 材料**

黄豆 60 克，鲜荷叶 20 克，绿茶 8 克

**○ 做法**

① 提前将黄豆用清水浸泡约 8 小时，再洗净；鲜荷叶洗净，撕成小片。

② 将黄豆、荷叶一同倒入豆浆机中，加入适量清水，启动豆浆机，待豆浆机自行搅打、煮熟后，滤出豆渣，去除浮沫。

③ 将绿茶盛入杯中，倒入制好的豆浆搅拌均匀即可。